DANIEL HABIF

LAS
TRAMPAS
DEL
MIEDO

UNA VISITA A LAS DIMENSIONES BIOLÓGICAS, PSICOLÓGICAS,
Y ESPIRITUALES PARA DESMANTELAR EL TEMOR PARALIZANTE
Y LA TIRANÍA DEL AUTOSABOTAJE

HarperCollins*México*

La información contenida en *Las trampas del miedo* no debe utilizarse como tratamiento médico, no tiene fines clínicos ni está diseñado para sustituir sesiones de terapia. Este libro tiene un propósito educativo y motivacional. Si piensas que padeces fobias, traumas, angustia o depresión, acude de inmediato a un especialista.

Producción Ejecutiva: Alegría Corp.
Dirección de arte: Ricardo Arzamendi
Foto Portada: Daniel Blanco AMC
Gerente de proyecto: José Leonardo Hernández
Editor Ejecutivo: Cristopher Garrido
Editor en Jefe: Mario Acuña Santaniello
Corrección de estilo: Grupo Scribere
Tipografía: Mauricio Díaz

ISBN Tapa dura: 978-1-40023-592-6
ISBN Rústica: 978-1-40022-351-0
ISBN Audio libro: 978-1-40022-421-0
ISBN e Book: 978-1-40022-281-0

Distribuido fuera de México por HarperCollins Leadership.
Primera edición: octubre de 2021.

Impreso en México

Impreso en octubre de 2021 en los talleres de Litográfica Ingramex, S.A. de C.V.

*Quien se regala un libro
se obsequia un camino inesperado.*

¡Gracias a todos ellos!

Un rumor parejo, sin ton ni son, parecido al que hace el viento contra las ramas de un árbol en la noche, cuando no se ven ni el árbol ni las ramas, pero se oye el murmurar.

—Juan Rulfo, *Pedro Páramo*

Contenido

Introducción

Si comienzas a leer este libro, incluso si lo estás ojeando, supongo que el miedo ha tocado a tu puerta y no le quieres abrir porque en más de una oportunidad echó por tierra algunos de tus sueños. Quizás te ha estado llamando desde tu infancia, y cada vez que suenan sus nudillos en la puerta, tu corazón se tensa, la garganta se te encoge, un frío recorre tu espalda y respiras tan aprisa que crees que te asfixias.

De ser así, vale la pena que sigas leyendo porque justo de ese tema quiero hablarte aquí. Yo sé lo que se siente estar atrapado en una madriguera cavada por el temor, yo viví en lo oscuro sin saber si el sol brillaba afuera. También sentí la angustia de su asedio; me ató las manos cuando quise firmar una propuesta, me amordazó cuando quise subir a hablar en un escenario, me silenció cuando quise decir un «te amo».

El miedo se montó sobre mis hombros para impedirme saltar, pero fue hasta el día en el que comprendí que se anticipaba a mis acciones porque él me comprendía a la perfección. El miedo conocía al detalle mis pensamientos y adivinaba con certeza mis movimientos; sabía lo que más me dolía, sabía lo que me atormentaba. Entonces, decidí hacer lo mismo que él, me propuse conocerlo: lo estudié a profundidad y exploré sus trucos y sus trampas. Escruté los pasos de esta criatura implacable y aprendí a anticipar sus pensamientos. Esa búsqueda me hizo tener una nueva relación con él, porque más allá de su alquimia neurológica y de sus cálculos psicológicos, comprendí que el miedo en ocasiones desea protegerme.

Al comprenderlo mejor entendí que no tenía sentido huirle, sino responder con los mismos recursos que él aplicaba contra mí: usando mi cuerpo y mis pensamientos para devolverle con ellos el antídoto.

Preparé un arsenal de ideas y herramientas para apoyarte. Hice este libro para decirte de qué está hecho el miedo, cómo opera en su misión perenne de protegerte y cómo puedes tomar lo mejor de él, que suele ser mucho, para escapar de las trampas que te mortifican. Cuando lo termines, tendrás una nueva relación entre el miedo y tú; una complicidad. Cuando resolví afrentarlo, el miedo se expuso ante mí, él mismo fue revelando los secretos sobre los que operaba su imperio. Cada adelanto en la decodificación de sus enigmas iba dibujando un mapa más preciso de la amplitud de sus dominios y de cómo regía nuestras conductas y reacciones. Ese mapa me ofreció innumerables rutas, de las que escogí las técnicas que aquí sugiero, selección de las muchas que examiné.

Sin complicarnos demasiado, te llevaré conmigo de visita a tu propio cerebro, desde donde seguiremos la ruta que traza desde tus sentidos hacia el palpitar de tu pecho, o al temblor de tus manos. Hablaremos de la química fabulosa que nos evitó extinguirnos y de cómo esta opera en nuestro cuerpo, con su larga lista de beneficios y consecuencias.

Me gusta ser inoportuno con la vida y de vez en cuando con algunas personas también.

Luego de explorar el cerebro, nos abriremos paso por tu mente, que es un lugar totalmente distinto, para saber cómo modifica tus conductas y reacciones. Con la lectura irás encontrando que el miedo afecta la forma de cómo nos relacionamos, cómo asumimos el dolor o cómo tomamos nuestras decisiones.

Hablaremos de ciencia, de investigaciones fascinantes. Pero no te asustes porque no tiene nada de aburrido ver, a través de un resonador magnético, que las prácticas espirituales pueden transformar nuestro cerebro, que los perros nos enseñan sobre el miedo o que el cerebro quiere ponerte trampas en las que espero que no vuelvas a caer.

Veremos conceptos extraños, pero muy útiles, de neuroplasticidad, mentalidad de aprendizaje y locus de control. Nos daremos un chapuzón en neurotransmisores y hormonas, pero no llegaremos a ahogarnos escribiendo fórmulas y aprendiendo compuestos. Tendremos emocionantes recorridos a la meditación, a la reflexología y a las técnicas de respiración. Hablaremos de adicciones, del temor a amar y del bálsamo del agradecimiento, y siempre iremos de la mano de Dios, quien nos mostrará el mejor camino.

Conocer sobre el miedo no será suficiente, por eso dejo varias herramientas y ejercicios concretos para este combate personal que tuve ante ese miedo que me puso contra las cuerdas. He escogido los procedimientos más eficientes y fáciles de aplicar, los cuales te ayudarán a plantarle cara y a poder superarlo. Puedo adelantarte que nada opera mejor, en lo que tiene que ver con el miedo, que el conocimiento de tus procesos de pensamiento con afiladas autoevaluaciones y prácticas que te lleven a ejercitar la actitud adecuada.

Este libro es sobre el miedo, pero no quiero que sea solo para conocerlo, lo hice para que encuentres una historia a ser leída de pie por su resonante llamado a la acción. Su contenido te lleva a un aprendizaje, pero no solo como ejercicio intelectual, sino también como invitación a una nueva perspectiva del miedo en tu vida. Este libro pone sustancia a nuestros valores más esenciales sin que acabe siendo un ejemplar que se queda rendido, junto a sus compañeros, en una lista de «terminados»; por el contrario, quiero que lo leas y lo releas, que te lleve a nuevos textos, que lo cuestiones, que lo dejes por la mitad porque dijo algo que te motivó tanto que fuiste a hacerlo o que lo abras cuando quieres hacer las paces con tu miedo. Este es un libro que está cansado de las estériles declaraciones de misión colgadas en la pared. Sus letras rebeldes quieren arrancarle la venda de los ojos a los que se engañan con una lectura cuyos conceptos nunca se llegan a aplicar.

Los inquebrantables sentimos miedo porque perseguimos la inmensidad; nos dedicamos a la configuración de un mundo que intimida desde el simple momento de pensarlo. El éxito es un lugar tranquilo cuando ya no tiene sentido, el resto del tiempo es una lucha constante que nos produce un delicioso pavor. Nada que valga la pena en esta vida se consigue sin miedo, de allí esta necesidad impostergable de escribir un nuevo pacto con él.

El mayor avance que darás para dominar al miedo es decidirte a hacerlo, y si has continuado hasta aquí es porque tienes la intención firme de lograrlo. Nada de lo que aprendas en este libro, ni en ningún otro, podrá ofrecerte más de lo que ya has conseguido al dar ese primer paso.

El miedo es la fecundación de un logro extraordinario.

Durante largo tiempo pensé si debía escribir un libro sobre el miedo, me sentía congelado, pero cuando comprendí que era el miedo lo que me estaba matando supe que este era el momento adecuado.

Conocer al miedo

No debemos sorprendernos:
se preparaba para la incomprensión,
el rechazo, la ingratitud, el desprecio
de los deberes familiares,
lo que no era otra cosa que formas
de ocultar el miedo.
—Rubi Guerra, *Un sueño comentado*

Conozco el miedo desde los primeros días de los que tengo recuerdos. Crecí en una ciudad aturdida por los miedos, por los secuestros, por los toques de queda e innecesarios velorios; le tenía pavor a la oscuridad y mis hermanos se reían de mi temor, los niños se burlaban de mi trabajo en la televisión. Me educaron en escuelas del Gobierno donde los golpes y amenazas eran el pan de cada día. Había miedo a la violencia en casa, a la consecuencia de las drogas en mi entorno, crecí en un barrio que llegó a ser peligroso. Al mismo tiempo, tuve que enfrentar otros temores bajo los reflectores y las cámaras, situación que pocos niños de mi edad habían vivido.

La vida me llevó a tener al miedo a mi lado en todo momento. Lo tuve tras la separación de mis padres, por mis quiebras económicas, cuando me absorbió una enfermedad extravagante y con las traiciones malsanas que me esperaron más tarde. Tuve miedo luego de cada derrota, y fueron muchos los éxitos que nunca tuve precisamente porque él se propuso impedirlos. Se hizo parte de mis días, llegó a borrarme las ganas; me robó la alegría. Me sentí dominado, pero yo tenía a mi lado poderes con los que el miedo no contaba: el amor puro de mi esposa, los besos en la frente de mi madre y mi férrea confianza en Dios. Esos pilares repelieron las ideas de darme por vencido. Para que otros no cayeran a las mismas profundidades en las que yo estaba, comencé a pedirle al mundo que avanzara, aunque yo había perdido las fuerzas para hacerlo.

Mi miedo no es lineal, es un péndulo.

Dios y el amor orientaron mis pasos hacia el destino correcto, me pusieron en dirección al miedo que venía de frente. Yo había estado en estudios de grabación y en tarimas desde que era niño, pero un día el miedo intentó evitar que diera los pasos que necesitaba para subir a un auditorio frente a veinte personas que me escucharían hablar del poder del pensamiento, de la palabra y de la acción. Estuvo a punto de detenerme, pero no pudo, y esas veinte se fueron haciendo miles.

El miedo sigue allí, y cuando ya no esté, me sabré acabado. Sentarme con él no ha sido un proceso sencillo, ha costado esfuerzo, estudio y muchas equivocaciones. Este libro contiene solo una fracción de las cosas que pudiera referir sobre él, pero considero que son las necesarias.

Te vas a encontrar palabras extrañas, pero no serán muchas, y de ellas te diré lo que probablemente nos hace falta saber. Exploraremos estudios clínicos y teorías fabulosas sobre el comportamiento humano. También te presentaré a hombres y mujeres que han dedicado su vida a comprender cómo funciona el miedo en nuestro cerebro, en nuestras actitudes y en nuestro pensamiento, espero que sus nombres se queden contigo y que lo que leas aquí te entusiasme a conocer más de ellos y de sus descubrimientos.

Por encima de todo lo que te he mencionado antes, este libro tiene un protagonista, el miedo, que no es un villano, como muchos piensan; el miedo es el héroe de esta historia, y puede ser el de la tuya. El miedo es esencial para nuestra especie, como los sentidos o el hambre; sin él, hubiésemos sido unos seres indefensos, incapaces de reaccionar a los cientos de peligros que acechaban a nuestros antepasados. Es una de las más complejas y eficientes configuraciones biológicas que conectan nuestros cuerpos con el entorno.

Aunque se ha estudiado por décadas, los procesos neuroquímicos siguen siendo un acertijo envuelto en su aparición y en las reacciones que causan. Es una respuesta asentada en nuestro diseño cerebral que activa reacciones bioquímicas y, desde allí, los complejos constructos mentales por los que mantienes el interés en este texto.

El miedo es un fenómeno tan complejo que cuesta precisarlo. Siento que la mejor definición la encontraremos en nuestros antepasados. Para nuestra especie, desde el principio de los tiempos, el miedo ha sido un sistema de emergencia que nos prepara para responder ante eventos indeseables. Nos condiciona para reaccionar, bien sea huyendo o atacando. En estos casos, nuestro cuerpo desactiva las funciones no esenciales y prioriza aquellas que aumentan las posibilidades de superar la situación que nos haya alterado.

El miedo busca protegerte, algunas veces a expensas de tu felicidad.

Me gusta verlo así porque uno de los mecanismos con el cual el miedo busca protegernos es el bloqueo del pensamiento racional, lo que tiene mucho sentido porque si una tarántula aparece frente a nosotros será mucho mejor tomar una acción rápida y huir que quedarnos a averiguar si esa especie es venenosa o domesticable. El problema es que desde aquellos tiempos hasta los nuestros las cosas han cambiado demasiado y, algunas veces, la realidad que hemos construido da la espalda a nuestra configuración original. Esta desactivación, junto a otras respuestas físicas, hace que podamos actuar de cierta forma que luego nos cause vergüenza, pero no te debes sentir mal por eso, tener miedo no es una señal de debilidad. Estas reacciones son naturales, y no deben avergonzarte. En principio, algo tan instintivo como gritar es evidencia de la naturaleza gregaria de nuestra especie, es decir, de nuestro interés en avisarles a los demás que hay un riesgo inminente: gritar alertaba al resto del grupo, lo prepara para enfrentar las amenazas. Así que, es posible que estés leyendo estas palabras porque, en algún momento, alguien dio un grito que alertó de un inmenso peligro a tus ancestros.

Las reacciones neuroquímicas del miedo —que estudiaremos en breve— hacen que el cuerpo concentre en su supervivencia todos los recursos disponibles; de allí que actividades no esenciales, como la digestión, se paralicen. Todo lo demás se pone en guardia: el estímulo modifica el ritmo cardíaco, agudiza la capacidad visual, activa la sudoración para bajar la temperatura corporal, incrementa el flujo sanguíneo, dilata las pupilas y una infinidad de otras reacciones que veremos con mayor detalle en los próximos segmentos y que serán fundamentales para tu comprensión de este tema. Lo que quiero que te lleves por el momento es la idea de que el miedo puede proporcionarte las armas que, por instantes, harán una mejor versión de ti. Digo por instantes porque no todas las reacciones del miedo son deseables, y ya lo veremos.

A diferencia de los primeros humanos, nosotros no vivimos a la intemperie, y aunque en cualquier momento podemos toparnos con un peligro inesperado, llevamos una vida mucho más tranquila que la que tuvieron nuestros antepasados. El miedo fue una herramienta que permitió que nos adaptáramos hasta hacernos la especie dominante del planeta en los tiempos que vivimos. Aunque seamos capaces de establecer teorías de un universo de once dimensiones, encontremos la masa de los neutrinos y superemos los límites del espacio, el miedo sigue operando sobre nosotros como lo hizo hace millones de años, solo que ahora juega un nuevo papel, así como cuando invitas a la persona que te gusta, o cuando te levantas a decirle a tu jefe que renuncias porque abrirás tu propio negocio.

Estamos fisiológicamente diseñados para sentir miedo, y para que nuestro cuerpo actúe de manera adecuada ante las amenazas y los riesgos. El tema es que en el mundo que vivimos rara vez hallaremos una bestia salvaje cuando abrimos por primera vez la puerta de nuestro negocio, ni nos gruñirán depredadores si subimos a la tarima de un teatro, pero nuestro cuerpo aún reacciona a estas situaciones tal como fue configurado para hacerlo ante las amenazas de la naturaleza. Sin el miedo hace siglos que el último de nosotros hubiese sido devorado.

A veces el espacio que necesitas está entre tú y tú.

Además de miedo también sentimos hambre y, gracias al impulso que esta produjo, nuestros antepasados tuvieron que vencer el miedo y salir en búsqueda de alimento. Tuvieron que hacerlo, aunque fueran temblando.

La única forma de no sentir miedo es quedándonos en el lugar donde nos sentimos seguros, que muy probablemente es donde estás ahora, aunque me arriesgo a decir que no es el lugar en el que preferirías estar. Más adelante aprenderás que ese bienestar que sentimos en la seguridad reafirma la respuesta del miedo. Si no quieres tener miedo, cierra el libro y refúgiate en un espacio donde todo esté tranquilo, allí nunca te enfrentarás al terror de tus pesadillas, pero tampoco podrás hacer realidad lo que ocurre en tus sueños.

Hasta ahora, pareciera que todo lo que he escrito sobre el miedo es positivo, pero no es así. Debes recibir al miedo que te hace vivir, al que te lleva a amar, a emprender, a debatir, a soñar, pero debes decirles adiós a dos de ellos: al que te hace temer lo que no existe y al que te impide actuar.

Cuando lo que lo origina es algo inofensivo podemos estar frente a fobias o comportamientos obsesivos. Hay gente que padece temores extraños, como la coimetrofobia que es miedo a los cementerios, que no representan riesgo alguno y que todo lo que se teje sobre ellos está en nuestra mente. Este miedo es mucho más común de lo que pudiera pensarse. Así como hay gente que le tiene miedo a algo tan inofensivo como un cementerio, hay quien le teme al cambio o al éxito. Hay quien le teme a estar sano, verse libre, tomar decisiones o salir de ciclos de dolor. Y, terriblemente, hay millones de personas en el mundo que le tienen miedo a amar.

De todos los miedos no hay ninguno peor que el que no te deja actuar. Esa es su versión más nociva, con la que no se puede negociar, hay que arrancarlo por completo. Un miedo que te quita la acción es el mismo que hace que te que te quedes en una silla al borde de la pista mientras la persona que te gusta baila con alguien que no tuvo miedo de acercársele. Cuando se define desde la perspectiva biológica, se le atribuye la virtud de activar la acción porque lo que nos paraliza va contra la naturaleza misma de la emoción.

La lista de miedos que nos paralizan es extensa, casi interminable. Comparto contigo algunos de los que considero más importantes y que, de forma directa o tangencial, exploraremos a lo largo de este libro:

- a no ser digno de triunfar;
- a tomar decisiones;
- a la acción;
- a no satisfacer las expectativas;
- a la soledad;
- al dolor físico;
- al compromiso de emprender;
- al rechazo;
- al éxito;
- a quienes son diferentes;
- a sentir;
- a aceptar que se ha perdido;
- a perder el bienestar;
- a decirle «¡No!» a ciertos deleites o personas;
- al fracaso;
- a la muerte.

Quiero que nos enfoquemos en este tipo de miedo que hace que te escondas cuando tu jefe busca alguien que se postule para liderar un proyecto, o que hace que te enfermes para no ir a la fiesta donde estará la persona que te hace temblar de emoción.

Ya que hemos definido el miedo, revisemos la importancia de tomar decisiones eficientes como punto inicial de esquemas de pensamiento, y de allí pasemos a comprender la importancia de tomar el control de las cosas que nos suceden. Es importante que hayan casos completamente distintos y que tienen que ver con patologías claramente definidas. De estas, quisiera mencionar el trastorno de estrés postraumático, que llaman TEPT, es una enfermedad mental que produce un incremento de la activación de la amígdala cuando experimenta ataques de pánico. No es casualidad que las personas que sufren esta enfermedad muestren una reducción del volumen del hipocampo, que se supone sirve como un escudo de protección de las respuestas del cerebro. Más adelante veremos como el TEPT afecta el pensamiento de los sobrevivientes de dictaduras atroces. Además de los efectos internos que esto produce en el cuerpo por vivir en tensión perenne, hay una alta incidencia entre el TEPT y la depresión, las adicciones y el desarrollo de otros temores.

El otro caso que debo mencionar es el trastorno obsesivo-compulsivo, que es conocido como TOC. Se considera una atención obsesiva que conduce a la persona a tener comportamientos compulsivos. Se caracteriza por pensamientos obsesivos que conducen a certificar que las hornillas están apagadas luego de salir de casa, una y otra vez, o lavarse las manos en exceso. En este caso, la amígdala vuelve a jugar su papel protagónico porque su hiperactivación es uno de los causantes. Si identificas algún síntoma o sospechas que puedes sufrir de estas patologías, no lo dudes un segundo más y acude a un especialista.

Estoy cansado de la misma historia una y otra vez, una que con sus variantes es más o menos así: «Tuve una idea.

Como me da miedo hacer el ridículo no la dije, se la conté a mi compañero. Él la dijo, y se llevó las felicitaciones y el crédito». ¿Te ha pasado en algunas de sus muchas versiones?

Ese miedo que te amordaza, y que a mí tanto daño me ha hecho, es el que quiero que evapores de tu vida con los aprendizajes, las evaluaciones y los ejercicios que espero poder aportarte en este libro. El miedo quiere protegerte, pero no debes permitirle que por eso pretenda amarrarte. Como quien le dice a un niño que hay peligro inexistente para que no se aleje demasiado, el miedo llenará tu mente de escenarios con los que querrá congelarte. Si él no hace que imaginemos lo peor, nada podrá defraudarnos.

Quizás tu peor pesadilla sea mucho mejor que la realidad de la que no quieres salir.

❀

Conocer cómo se mueve el mecanismo milagroso de nuestro cerebro puede ayudarte a soltar, poco a poco, las ideas que se han alojado en él para convencernos de que no actuar es una forma de librarnos de las peores consecuencias. Mantenerte en el lugar actual puede hacer que las cosas no empeoren, pero te confirmará que no mejorarán.

El miedo es un protector que para evitar que te caigas te impide aprender a caminar. Levántate, que un buen raspón vale la pena cuando lo comparas con el placer de avanzar sobre tus pasos.

Se enojan conmigo porque soy libre.

@DanielHabif

Capítulo 1

Las trampas de la indecisión

El miedo tiene su raíz en la ausencia de fe. Te llenará de excusas para justificarse, para hacer que te detengas y no comiences a actuar, pero quedarse inmóvil solo les permite a los temores solidificarse más hasta congelar tus articulaciones y dejarte en el mismo lugar.

La indecisión es una de las manifestaciones más crudas de cómo nos dejamos vencer. Como dijimos antes, el miedo que debemos combatir es ese que nos paraliza y nos impide actuar.

De nada sirven los sueños si no despertamos con ganas de hacerlos realidad. El punto crucial de tu carrera es ese segundo en el que das el paso. Las decisiones solo se transforman cuando las convertimos en acción. Si pudiera definir el momento cuando alcancé mis mayores éxitos escogería el instante en el que comencé a actuar, cuando aproximé mis labios a los suyos, cuando firmé aquella renuncia, cuando pisé el escalón que me subió a un escenario, cuando pulsé la primera letra en el teclado. El único paso indispensable para llegar a ser lo que quieres es ese que das con la resolución de no retroceder y te dices: «¡Hoy sí!».

> **Quedarse donde no hay paz es huir de la libertad.**

Justo por la trascendencia de ese instante crucial es que he hecho llamados urgentes a la acción; fue para incentivar esos momentos que inicié mis videos, mis conferencias y mis escritos. Quise impulsar a la gente a avanzar porque yo me sentía acabado, y me dediqué con devoción a detonar el ímpetu que late dentro de quienes me escucharan y me leyeran, a causar un estruendo que resonara en sus vidas.

En este trayecto he tomado consciencia de lo complejo que es comenzar y de la importancia de cómo tomamos decisiones para que eso suceda. En las dificultades que me fui encontrando comprendí que una de las artimañas de las que se vale el miedo es hacernos dudar de si elegimos las acciones adecuadas. Va taladrando incesantemente dentro de nosotros y nos ancla en la parálisis con una pregunta: «¿Estaré haciendo lo correcto?».

Contar con mecanismos eficientes para tomar decisiones es un recurso esencial para protegernos del miedo. Es el

ME ENCANTAN LAS IDEAS QUE NACEN SIN SABER ADÓNDE VAN!

momento de asumir un pensamiento que nos lleve a poder confiar en lo que decidimos. Hay dos grandes dimensiones, íntimamente conectadas, que debemos revisar a la hora de decidir. La primera es qué información ponemos en nuestra mente; la segunda, cómo la procesamos. Trabajar más duro no aumenta tu productividad, hacerlo de forma consciente sí, pero ¿qué tiene que ver tener consciencia en estos casos?

Para responder a la pregunta anterior debo revelarte un secreto: el cerebro es perezoso. Puede que seas una persona inteligente y ágil al pensar, pero a tu cerebro le encanta tomar atajos, es un mecanismo que tiene para ahorrar energía. Esto afecta la toma de decisiones, incluso a muchas de las que son críticas para nuestra vida. Esta pereza hace que optemos por aceptar datos deficientes, pero que preferimos porque los tenemos a la mano, y no necesitamos pensarlos mucho.

No hay manera de desinstalar los mecanismos que han anidado en nuestro ser, lo que sí podemos es estar conscientes de cómo estos pensamientos condicionarán las conclusiones que tomamos. Esta pereza se transforma en sesgos y falacias. Los sesgos son mecanismos equivocados de sistemas de pensamiento que usamos de manera repetida sin comprender que influencian los juicios. La falacia, por su parte, es un engaño que nos hacemos involuntariamente para sostener un discurso. Los sesgos tienen que ver con el funcionamiento de la máquina; las falacias, con la materia prima.

Recorreremos las tramas que pueden tener mayor impacto sobre la solidez de nuestras decisiones. De antemano te comento que la clave no está en evitarlas, sino en reconocerlas porque solo es así como podemos tomar acciones para compensar. Para escapar de estas trampas que nos pone el cerebro hay que conocerlo mejor.

No hay espacio para detallar todas estas simplificaciones que operan en la mente, por lo que me referiré solo a las más comunes. Este es un tema fascinante por lo que reco- miendo revisar los textos de Daniel Kahneman, ganador del Premio Nobel de Economía, precisa- mente por sus explicaciones sobre los modelos de elección de riesgo.

No hay excusas para renunciar a lo que deseas, no hay razones para posponer lo que debe ser tuyo.

Pero entremos en materia. La primera trampa en la que caemos es el sesgo de *anclaje* que correspon- de al efecto que tiene en nosotros un patrón establecido previamente, aun cuando no tenga relación con el criterio directo. Estar expuesto a ciertos valores que asumimos como puntos de referen- cia rápidos que, sin que nos demos cuenta, usamos para realizar estimaciones. Conforme a este principio, saber cuántos tomates hay en una cesta puede afectar nuestro cálculo de cuántos japoneses viven en la ciudad de Nueva York. Fíjate cómo funciona. Supón que nos piden estimar cuántos diputados tiene el parlamento de Islandia, pero antes de responder somos expuestos a números arbitra- rios. Como lo probable es que no tengamos ni idea, el valor al que somos expuestos influye en el estimado, si vemos números mayores que 200, quizás nos haga pensar que el número de diputados esté en ese orden, lo mismo si vemos números menores que 100. Como es lógico, el anclaje no surte efecto en expertos sobre el tema o en los islandeses en general, pero tendrá una influencia en quienes no tengan ninguna orientación.

También hay aplicaciones más directas y comunes, como las etiquetas cuando en un catálogo de compra hay productos de alto costo en las primeras páginas para influenciar el valor de lo contenido más adelante. El cerebro perezoso cae en esta trampa una y otra vez. Seguirá cayendo, si al menos tienes conocimiento de que esto sucede, compensas estos errores.

La falacia de la conjunción también es común y tiene que ver con la probabilidad de que estimemos una mayor posibilidad de ocurrencia a un evento porque a nuestro sentido le suena más familiar la asociación. Te pondré un ejemplo, si yo le pregunto a una persona que tomará un avión cierto día que elija cuál de estas dos opciones es más probable:

1) Que un avión sea derribado en un atentado terrorista.
2) Que un árabe fundamentalista derribe un avión israelí.

¿Tú qué dirías? Si escogiste la opción dos, como muchas personas suelen hacer, acabas de violar las matemáticas porque no es posible que sea más probable la dos que la uno. Lo que sucede es que la segunda opción nos resulta más familiar porque tenemos años siendo contaminados con prejuicios, estereotipos e islamofobia que hacen que sea más fácil y rápido pensar en la segunda opción. El asunto es que olvidamos que la segunda opción forma parte de la primera, y que nunca puede ser mayor que ella.

Cuando tenemos que tomar decisiones acabamos haciéndolo con base en nuestras creencias, lo que abre paso a juicios intuitivos que nos llevan a errores, y normalmente siempre a los mismos.

Kahneman llamó falacia de la planificación a una de estas mentiras que el cerebro se cuenta a sí mismo y, además, se las cree. La capacidad para planificar es una ilusión que sobrestima lo esencial y minimiza lo accesorio. Por este motivo tenemos como norma planificar en condiciones optimistas.

Esto no quiere decir que no uses «colchones de tiempo», todos lo hacen. Estimas que harás las cosas en tres días y ofreces seis, el problema es precisamente que cometes dos errores: primero porque la estimación original suele ser estrecha y luego porque te relajas al tener días adicionales, que solemos no aprovechar, motivo por el que, aunque hayamos puesto amplios colchones, terminamos trabajando horas extras para estar a tiempo.

La intuición es un mensaje que te envías del futuro.

Tienes una videollamada en cinco minutos y no has desayunado; estimas que en dos minutos tendrás unos huevos fritos, pero eso es solo porque piensas en el proceso central, no en todo lo que implica: ir a la cocina, sacar la sartén del horno, buscar los huevos del refrigerador, encontrar el aceite y esperar a que se caliente.

Cuando comienzas propiamente a freír ya se consumieron los dos minutos que habías estimado. Este ejemplo elemental se puede aplicar, por ejemplo, al tiempo en que se escribe un libro, que es mucho más que sentarse a apretar teclas; hay investigación, corrección y relectura, actividades que solemos minimizar porque, aunque necesarias, no son lo que nuestro cerebro define como «escribir».

Si registramos con detalle lo que hemos planeado, podemos ir venciendo esta falacia porque sobrestimamos nuestra habilidad en el futuro aunque el pasado nos haya dicho lo contrario.

En 1979, Douglas Hofstadter formuló esta incapacidad con su famosa ley de Hofstadter, que no debes olvidar: «Siempre nos lleva más tiempo de lo esperado, incluso teniendo en cuenta la ley de Hofstadter».

Finalizamos este mínimo recorrido con el sesgo de disponibilidad, que son una serie de asunciones que hacemos apoyándonos en la facilidad que tiene el cerebro para construir respuestas, aunque sean equivocadas. Vas en tu coche por encima del límite de velocidad y hablando por teléfono, pero si ves que multan a alguien pasas un buen rato sin hacerlo. Yo conozco a varios que se han puesto a dieta cuando se enteraron de que un conocido tuvo un infarto. Otra forma en la que se hace estas asociaciones generando *correlaciones ilusorias*, que es establecer vínculos entre dos fenómenos inconexos entre sí, pero que ocurren al mismo tiempo, lo que es especialmente útil para alimentar los discursos xenófobos.

Las supersticiones tienen en este tipo de relaciones un descanso porque asociamos un evento positivo o negativo con la ocurrencia, y por ello sacamos conclusiones como mi mochila de la suerte, o la hora en la que no lees tus mensajes ni recibes llamadas porque será para darte malas noticias.

Incluso existe disponibilidad por imaginación, si es sencillo imaginar un riesgo o evento le damos más probabilidades de ocurrencia. Cuando deseamos esquiar es fácil imaginar una avalancha, es algo que hemos visto muchas veces en la televisión y por ello podemos darle un peso de mayor ocurrencia. Más adelante volveremos a este fenómeno y a las heridas que causa en muchos de nuestros hermanos que sufren el exilio.

Supón que estamos planeando unas vacaciones y tenemos dos países en nuestras opciones. Debemos elegir uno de ellos, pero vemos que lo mencionan mucho en las noticias porque hubo un ataque terrorista; entonces, escogemos el otro, y como resultado viajaremos a un destino mucho más peligroso por el hampa común, pero eso no sale en las noticias. Cierro con este ejemplo porque ahora deseo que vayamos al aspecto de lo que metemos en nuestra mente.

Al conocer un poco cómo funcionan estos baches del pensamiento, te dejo unas tareas breves y sencillas para optimizar la calidad de la información con la que puedes dejar atrás la indecisión.

- Traza un mapa de información. Esto es un esquema en el que listas todas las fuentes relevantes que estés utilizando. Revisa bien cada uno de los datos con los que cuentas y asegúrate de que ninguno proviene de creencias, impresiones, prejuicios, correlaciones ilusorias o falsas premoniciones.

- Escribe varios escenarios en los que puedas poner a prueba los recursos que estás utilizando. Por ejemplo, supón que tu decisión está relaciona- da con la compra de un negocio en tu localidad. Elabora escenarios extremos en la más optimista y pesimista de las posibilidades y mira hasta dónde puede aguantar la información con la que cuentas.

- Consulta con personas de diferentes perfiles y que al menos uno de ellos tenga una perspectiva dis- tinta a la tuya. Esto te dará la clave de si alguno de los pilares sobre los que te apoyas está construido sobre suelo pantanoso. Siéntate con ellos y déja- los retar los ejes fundamentales de tu decisión.

- Mantente alerta a lo que hagan los demás; no es para imitarlos, pon atención cuando otros cai- gan en el sesgo de disponibilidad (las mujeres no saben manejar, los hombres no pueden hacer dos cosas a la vez, en tal país se produce mucha droga, Londres es una ciudad gris). Si miras cuando estas conductas las realizan otros, mejorará tu capacidad para reconocerlas en tus patrones.

- Recuerda que el sesgo de disponibilidad es una consecuencia de nuestro cerebro perezoso, de allí que nada mejor que ponerlo a trabajar: comprueba las fuentes, busca datos concretos, trata de vencer tus postulados con otros que los contradigan y mira si siguen teniendo sentido.

Como ya he comentado, pensamos así de forma natural, por eso debemos estar pendientes de cuándo lo hacemos, con lo que podemos evitar caer en su trampa. También es importante tener en cuenta que no siempre sabemos en qué estamos pensando; hay estímulos que se detonan sin que lo sepamos.

Te mostraré cómo puede actuar esto, pero haz justo lo que pida para que pueda funcionar.

No pienses en una bicicleta.

Importante: no te dije que pensaras en una bicicleta —que quizás sería una tarea más compleja—, te estoy pidiendo que no lo hagas.

Tomar decisiones y aceptar tu identidad es el mayor precio para conservar tu dignidad.

✔

¿Pudiste hacerlo? Si eres una persona normal, no, no has podido. Mi solicitud ha detonado en tu mente, instantáneamente, la imagen que evitabas llevar a ella. Lo mismo puede suceder con las conclusiones a las que alguien quie-re que lleguemos.

Como seguramente acabas de comprobar, no resulta sencillo decirle a nuestro cerebro que deje de cumplir la función para la que ha recibido algún estímulo.

J _ _ Ó N

En esta palabra faltan dos letras. Cuando yo expongo a las personas los textos relacionados con una sociedad orga-nizada, moderna y eficiente, sin mencionar nada concreto, resulta muy diferente de cuando activo olores florales o el sonido de una ducha. Incentivaría la elección de *Japón* o *Jabón* respectivamente, aunque hay una larga lista de opcio-nes (jamón, jetón, jirón).

Yo no tengo que decirte algo para que aparezca en tu mente, y eso se demostró en unos estudios de Adrian North. El más conocido demostró que en un local, al cambiar el ori-gen de la música de fondo, francesa o alemana, tenía efectos en la selección de los vinos: música francesa, vinos france-ses; y viceversa. Lo más interesante es que, en entrevistas posteriores, los compradores ni se acordaban de qué música estaba sonando.

En otro, más reciente, demostró que el tipo de música de fondo —recia, melódica o suave— modifica las descripciones que ciertas personas dan a los vinos que prueban.

¿En qué piensas cuando huele a chocolate o a pan recién horneado? Supongo que el punto ha quedado claro: no podemos decirle al cerebro que deje de pensar en algo (especialmente cuando ni nosotros mismos sabemos que lo estamos haciendo). La recordación no solo funciona para lo bueno, también lo hace para lo malo. Es por eso por lo que lo mediocre nunca está en nuestro eje de recordación, lo excepcional sí, lo terrible también.

Para mis decisiones, la voz del Altísimo es siempre mi brújula. En cada una de estas narraciones hallarás las claves que su Palabra reveló para mí.

Da el primer paso. Te estoy esperando. Dalo sin poner condiciones al éxito, sin atravesar los preconceptos que te han condicionado anteriormente. Si quieres llegar lejos, tendrás que deshacerte de las ideas viejas que te estorban. Vas a necesitar mucha ambición y un hambre feroz.

Define tus compromisos y pactos. Debes tener tus «Términos y condiciones» propios, definir todo aquello que estás dispuesto a pagar mental y emocionalmente para llegar a donde quieres, de esta forma podrás hacer sostenible el esfuerzo que te demandarán tus ambiciones.

Este libro estará aquí para que lo consultes todas las veces que quieras. Pocos practican el autodiagnóstico, que es una de las herramientas más poderosas para tener éxito. Hacer esto, demandará de ti verdad, y muchas de estas verdades te dolerán, pero te liberarán de paja inservible en tu mente y corazón. Haz un diagnóstico preciso de cómo eres, de cómo piensas, de con cuáles sesgos decides. Tatúa lo que halles en tu mente para que nunca lo olvides, allí estarán los tropiezos y los aciertos.

Saca a Dios de tus excusas, que tú sabes lo que Él quiere de ti.

Ya no más excusas, ya no más decir: «Estoy esperando la voluntad de Dios» o «Si Dios quiere». Detrás de estas frases se esconde el miedo y el autosabotaje. Fija tu rumbo, ponlo en un mapa, trázalo, ráyalo; pero, sobre todo, marcha de una vez.

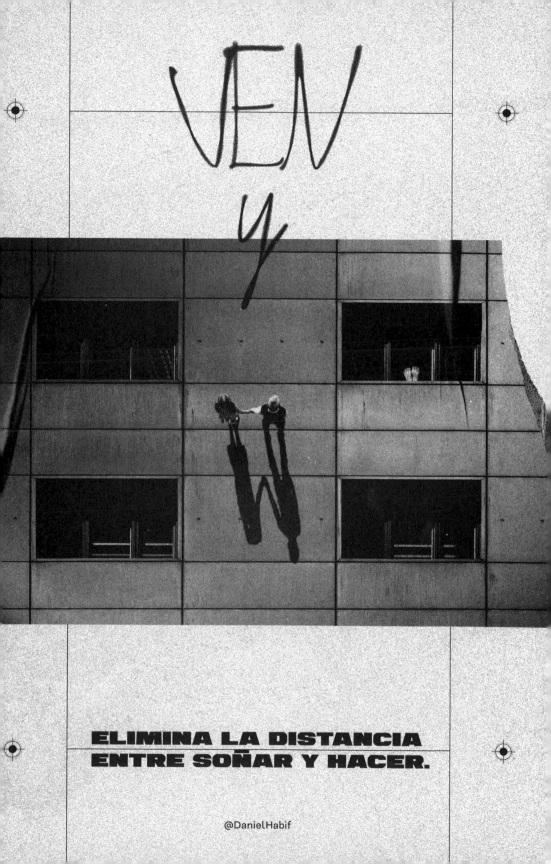

VEN
y

**ELIMINA LA DISTANCIA
ENTRE SOÑAR Y HACER.**

@DanielHabif

Capítulo 2

Las trampas de la soledad

La soledad es una de las situaciones más complicadas que enfrenta el ser humano, es un camino que se abre en dos senderos. Uno puede llevarnos a una fuente de gozos y descubrimientos; el otro, a un tormento que afectará tu salud y tu calidad de vida.

Por experiencia, puedo decirte que en el primero de esos destinos sentirás plenitud, hallarás ideas nuevas y podrás disfrutar los momentos que allí pases; el segundo, en cambio, es un sitio oscuro que te impide avanzar, lleno de incomodidades y situaciones de las que querrás escapar.

Te preguntarás por qué dos lugares tan cercanos y similares a simple vista pueden ser tan distintos en sus profundidades. La respuesta está en ti: tú les das vida, eres quien puedes convertir el paraje plácido y estimulante en un pantano de agobios y aversiones.

Sé que has escuchado hasta el cansancio la frase: «No es lo mismo estar solo que sentirse solo»; puedes pensar que se trata de un lugar común, pero estas palabras encierran una gran verdad debido a que la soledad es una condición interna, como lo veremos muy pronto. Estar solos no siempre depende de nosotros, puede ser el resultado de las acciones certeras o torcidas de otros; no podemos ignorar que la muerte, el exilio, las separaciones, las mudanzas o la independencia de los hijos nos alejan de quienes más amamos, son ese lado del sendero en el que despertamos sin que haya nadie a nuestro alrededor.

Cada día, la vida se asemeja más a un ensayo sobre la melancolía.

No solo el devenir de hechos esperados o fortuitos nos enfrentan a la ausencia de los otros; muchas veces son nuestras acciones las que nos condenan a una cárcel de silencio y vacío: la timidez, el desequilibrio en las expectativas, la incapacidad para expresar los sentimientos, la tiranía de los prejuicios, la limitación de aceptar nuestro cuerpo y nuestros talentos, el terror a la crítica, la ausencia del perdón, la decepción familiar o de pareja y la tolerancia del mal que nos rodea.

Extrañar en silencio

duele el doble.

Cuando enfrentamos este tema, hay dos asuntos cuyas trampas debemos desarmar; el primero es el no saber qué hacer con nosotros mismos, cómo disfrutar los momentos en los que podemos encontrarnos. El segundo es despachar esa negativa a recomponer vínculos afectivos. Debes sacar lo mejor de ti así no haya nadie a tu alrededor, pero también debes salir a gozar los beneficios que esconde el contacto humano.

La soledad puede ser un espacio atiborrado de gente, una multitud que, en lugar de llenarte, deja tu alma totalmente desolada. Es un estado mucho más complejo que el no tener a nadie a nuestro alrededor, aunque tampoco podemos ignorar que la modernidad nos está llevando a estar más solos en el sentido estricto de la palabra. Desde finales del siglo pasado, los cambios demográficos nos concentraron en las grandes ciudades, lo curioso es que esos mismos cambios nos aíslan.

Paradójicamente, en una época en la que vivimos más concentrados que nunca, la soledad ha devenido en un problema de salud pública, aunque los gobiernos aún no lo sepan. Es que se habla poco de su relación con disfunciones cardiovasculares. Pudieras pensar que las personas mayores están más solas y que por eso se produce esta relación, pero los problemas de salud se registran en todas las edades, y pueden ocurrir en la juventud.

Investigaciones recientes han demostrado que tienen razón los que dicen: «Te vas a morir de soledad». La lista de efectos es tan larga y preocupante que la Universidad de California en Los Ángeles, una de las más conocidas de

Estados Unidos, tiene una escala para alertar a los especialistas qué tan afectadas están las personas antes de entrar en tratamiento. Hay otras herramientas como la SELSA, que explora los ámbitos sociales, familiares y románticos.

Los efectos de una soledad mal canalizada no deben ser minimizados. Son tan importantes que el cuerpo reacciona para que tomemos acción en corregir la situación. Desde hace años está demostrado que las personas que viven solas tienen un desempeño negativo en el índice de masa corporal, la presión arterial, los niveles de colesterol de baja densidad. No quisiera extenderme demasiado en aspectos clínicos, lo importante es que comprendas la amplitud del tema de salud para que te hagas una idea de lo que representa.

Rara vez hallan consuelo en sí mismos los que no pueden disfrutar la presencia del otro.

Te preguntarás por qué reaccionamos de esta manera por algo que nada tiene que ver con él. La respuesta es que tenemos una condición a no estar solos, de ello dependió durante siglos nuestra supervivencia.

Imagínate esta escena. Eres tú, pero hace millones de años. Estás con tus compañeros en un paraje, recogiendo frutas de la temporada. Es un día ventoso, las nubes se oscurecen y el cielo comienza a rugir con fuerza. El líder se asusta, reconoce estas señales y las asocia con la lluvia fría. Él está seguro de que caerá un chaparrón sobre la expedición; el grupo recibe la orden de volver a sus refugios, donde podrán prender un fuego y guarecerse. Tú habías encontrado un árbol repleto de frutos suculentos y te habías sumergido tanto en sus ramas que no escuchaste el llamado y la partida de los tuyos.

Cuando bajas con las cestas colmadas, te das cuenta de que tus compañeros no están. Las nubes retumban y la luz ya casi no se nota en el cielo. Corres y te desorientas. No tienes idea de dónde estás: te has perdido.

Piénsalo por unos segundos. Estás en medio de una llanura habitada por toda clase de fieras. Ha comenzado a llover y oscurece. Visita esa escena, regístrala en tu mente, mira a tu lado sin que encuentres más que desolación. ¿Qué sensaciones te produce? Sin la presencia de los otros, hay pocas posibilidades de sobrevivir: nadie podrá alertarte o defenderte en caso de que se produzca una situación de peligro; además, cualquier depredador que aparezca tendrá en ti a su única alternativa para cenar esa noche.

Ahora te pregunto, ¿cómo se siente la soledad en este caso? Sé que es una suposición y que nosotros no vivimos en tiempos tan riesgosos, pero quiero que sientas esa sensación que bien pudo haber experimentado alguno de tus antepasados.

Piensas en lo peor, y te entregas a un final seguro, pero de un momento a otro en medio de esa sensación escuchas un silbido, volteas y ves al líder que ha vuelto por ti. Te hace señales desde lejos. Dime: ¿cómo se sentiría hallarlo?

Si tú y yo estamos vivos es porque los primeros miembros de nuestra especie desarrollaron habilidades avanzadas de socialización, lo que les permitió establecer conexiones poderosas entre ellos. Así como el halcón se

hizo de una vista privilegiada, el antílope de piernas vigo-
rosas y el camello de un metabolis-
mo envidiable, nosotros tenemos la
capacidad de, entre todos los miembros de un grupo, hacer algo que la
misma cantidad de personas no
podría hacer por separado. Son esas
conexiones sociales las que nos
hicieron coherederos del planeta, y les debemos la supervivencia. Esto explica por qué nos sentimos tan incómodos
cuando estamos solos.

**Te voy a abrazar
hasta que te
sientas bien.**

En muchos casos estamos incapacitados para
establecer relaciones debido a nuestro carácter o al
dolor acumulado. Estamos impedidos para iniciar los
procesos de conexión por la configuración errada con
la que nos programamos y por las experiencias anteriores que nos rompieron el alma.

Sea cual sea el caso, pon de tu parte para relacionarte, ya hemos visto que es esencial para tu bienestar, pero lo es incluso para aumentar el disfrute de tus
momentos de soledad.

Lo más recomendable es que integres grupos físicos no virtuales —siempre que no haya algún virus
que evitar— para que el efecto del contacto humano
sea real.

Hay muchas formas de encontrar gente que comparta intereses contigo, herramientas de socialización como Meetup o Facebook.

Abro un paréntesis para recordar la importancia de la seguridad, especialmente en América Latina. Lo ideal, si no tienes confianza, es que te apoyes en recomendaciones de personas conocidas. Las redes no son confiables solo por su marca, que una reunión se organice por Facebook no es garantía de buena voluntad. Es bueno revisar cuántas personas asisten, el número de integrantes de los grupos y los comentarios. Esto te ayudará a saber qué tan organizado es el evento. Los lugares de encuentro son también una buena señal de la seguridad. Nunca debes asistir a una reunión si sientes algún recelo.

Una vez que hayas escogido un grupo, curso o actividad a la que apuntarte, hay pasos que satisfacer, entre los que se destacan:

La actividad es lo primero: no debes llegar con la única intención de hacer amigos. Si no prestas atención a la actividad te convertirás en un foco de distracción.

Saluda: saluda, sonríe y haz comentarios. Si algunas personas no son receptivas, tú sigue manteniendo una actitud positiva en ese sentido.

Participa: haz aportes razonables. Pregunta, participa, equivócate. De la participación nacen discusiones necesarias para iniciar contactos.

Asume una postura adecuada: no hundas el pecho ni te pongas en posiciones defensivas, lo cual afectará cómo te percibirán. Traza unas líneas imaginarias que salen de cada uno de tus hombros, estas líneas deben apuntar al frente de las personas con las que estás hablando. Haz lo mismo con tus ojos. Si tu cuerpo comienza a evadir a los otros, la timidez está ganando la partida.

Atrévete a lo nuevo: para conocer gente y relacionarte quizás tengas que hacer cosas que nunca habías hecho. Esto no significa que hagas cosas que no quieres hacer, nada de eso, sino que hagas cosas a las cuales no te habías atrevido.

Abandona lo negativo: no establezcas las relaciones desde lo negativo, debes tener una propuesta. No debes decir sí a todo ni aprobar conductas que rechazas. La idea es que evites la adversidad como elemento de enganche.

Propón: la última tarea es que no olvides que también puedes proponer. Puedes ser quien ponga alternativas sobre la mesa, especialmente de algo que a ti te guste y en lo que sientas comodidad.

Antes de dejar el ejercicio, quiero poner en claro que nada de lo aquí expuesto tiene que ver con una búsqueda romántica. Si un noviazgo surge de estos grupos, excelente, pero no debe ser esa la intención inicial.

No es casual que el destierro haya sido un castigo durante siglos. Separar a una persona de su comunidad representaba la muerte o, peor aún, una vida sin sentido. Para los primeros humanos, estar solos era estar muertos. Pero no somos los únicos que sufren al estar lejos de sus pares. Otras especies experimentan estados de ansiedad cuando son apartados de sus semejantes, tal como sucedió con nosotros hace muchos siglos.

Otras especies además de los primates, nuestros parientes más cercanos en el mundo animal, experimentan sufrimiento al estar solos. Investigadores de una universidad suiza publicaron un hallazgo que demostró que la hormiga carpintera altera su comportamiento al ser separada de su grupo, lo que acaba por producirle la muerte debido al consumo de energía. La expectativa de vida de una hormiga carpintera en aislamiento social se reduce significativamente debido a desequilibrios energéticos que le causan un envejecimiento prematuro[1]. ¿Te suena familiar?

El asunto es que también tiene efectos conductuales. Cuando los humanos nos sentimos solos se activan las emociones que asociamos con tristeza, nostalgia y melancolía, aunque ahora sabes que le acompañan consecuencias físicas.

Ciertas investigaciones han marcado un punto de no retorno. Un estudio escogió un grupo de personas que iniciaron el experimento respondiendo las pruebas para establecer cuál era su situación puntual con la soledad. Una vez hecho esto, los participantes fueron expuestos a una serie de imágenes negativas, relacionadas con el sufrimiento humano; quedaba registrado a través de un escáner cuáles zonas del cerebro se activaban más durante el experimento. Cuando las imágenes correspondían con escenas socialmente negativas, se activaba la corteza visual.

Una vez comparados los resultados de quienes estaban en situaciones de soledad y los que no, se pudo observar que en los primeros hubo menos actividad en la unión temporoparietal, una zona del tejido cerebral que está involucrada en la generación de empatía; es decir, es el área del cerebro que nos permite ponernos del lado de los otros y de asimilar las ideas y perspectivas de los demás. El hallazgo fundamental es que tenemos menos actividad de la unión temporoparietal al sentirnos más solos; justo por eso somos menos capaces de sentir empatía y de comprender al otro. La teoría de este comportamiento antisocial se fundamenta en la escena que vivimos de nuestro yo del pasado perdido: cuando una persona se siente sola puede estar, de forma inconsciente, sintiéndose amenazada.

Es un mundo horrible si solo se trata de ti.

Si estamos en riesgo, destinamos más peso a la preservación y supervivencia, lo que minimiza la disposición a pensar en los otros. No es casual que, universalmente, los villanos de la literatura sean crueles, avaros, egoístas y fundamentalmente solitarios, pero aun cuando son personajes rodeados de sus secuaces, no sienten afecto por estos. La gran pregunta es, ¿la soledad te ha hecho caer en algunos de estos comportamientos de sobrevivencia, de riesgo, egoísmo y falta de empatía?

Si estar solos no es elección nuestra, cuando no somos nosotros los que la ponemos allí, pero tampoco hacemos esfuerzos por resolverla, perdemos parte de las habilidades para generar empatía, con las secuelas que tal cosa puede traer a nuestras vidas.

La sonrisa es un arma infalible para romper con la soledad, un instrumento tan poderoso que muchos le tienen miedo. Antes de iniciar el ejercicio que he recomendado en este capítulo hay un paso que debes realizar: sal y sonríele a la gente, se una fuente de paz para las personas con las que te cruces. Si tomas el bus o vas al supermercado es normal que veas los mismos rostros con frecuencia: la dueña de la tienda, el cajero, la camarera de tu restaurante favorito. Lo que harás será cruzar unas palabras con ellos, con quienes construyen tu entorno inmediato, lo cual es mucho más natural. Una de las causas de nuestros errores es precisamente la poca capacidad para ver lo evidente.

Sonríe. No tienes que hacerlo de forma fingida o parecer que te mueres de alegría. Simplemente sonríe con la mayor naturalidad con la que te sea posible.

Es delicioso quedarnos sin que nadie nos moleste, poder andar por allí en ropa interior o comer directamente de la sartén. Aun cuando estemos bien con nosotros mismos y disfrutemos las ocasiones en soledad, tarde o temprano sentiremos la necesidad del calor ajeno, del contacto que nos recuerda nuestra conexión vital con la realidad.

Hay cosas maravillosas que suceden en la soledad —pronto las veremos—; podrás complacerte con ellas cuando la relación contigo se cimiente de tal manera que sea una decisión y no una fatalidad. Mientras te resulte doloroso no tener más alternativa, no podrás obtener las infinitas bendiciones que es capaz de ofrecerte.

La mejor manera para hacer florecer tu autoestima es estar cerca de quienes te nutren el alma. Allá afuera hay miles de personas que pueden enseñarte a volver y que, a su vez, están dispuestas a que tú les enseñes. Posiblemente pienses que no queda nadie dispuesto a hacerlo, harás un recuento de tus amistades, familiares o colegas, y creerás que ninguno pudiera arrancarte las sonrisas, pero te equivocas.

> **Vivir es un talento que muy pocos pulen.**

Sal de una vez a sumergirte en las bondades de una conexión con los demás, y cuando vuelvas a ese lugar donde no encuentres a nadie, siéntete a gusto porque, tras el gozo de dar y recibir, te encontrarás con la mejor compañía que existe: la tuya.

SE ENAMORÓ DE LA
SOLEDAD,
Y POCOS PUDIERON
ESTAR A SU ALTURA.

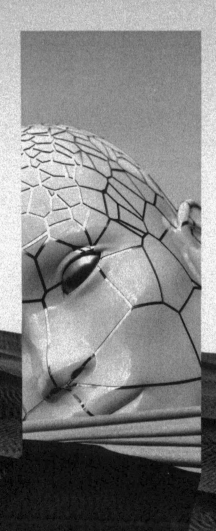

@DanielHabif

@DanielHabif

Capítulo 3

Las trampas del descontrol

B uena parte de nuestros miedos se origina en la percepción de que no podemos controlar los eventos que definen nuestra vida. Puede que hayas logrado creer que existe una fuerza a tu alrededor que determina las cosas que te suceden, un poder inmenso que no puedes enfrentar y contra el que no hay nada que hacer. Este es un pensamiento que llegará a convencerte de que no vale la pena resistirse a lo que las circunstancias han tejido para ti, que si se disponen para la ruina y la desdicha, eso tendrás.

Para muchas personas es duro aceptar cuán responsables son de sus actos, por ese motivo desvían su mirada de las acciones que los han puesto en donde están. Ignoran, incluso, las causas por las que otros han logrado lo que tienen, y consideran que la belleza, el interés o la suerte está detrás de ello, no sus pasos acertados. Quienes piensan así considerarán que hay un poder por encima del que pueden dominar, y que es este el que determina sus resultados.

Quien abandona su interior es devorado por las angustias de lo externo.

❈

La queja constante y la actitud de victimización son expresiones de un miedo al entorno. Nos sentimos desprotegidos en un mundo que está contenido sobre fuerzas que no podemos controlar. Cuando sientes que no tienes mecanismos para alterar lo que te espera en el futuro, te inhibes a causa del miedo. Lo que sucede es que depositamos las responsabilidades que nos corresponden en poderes ajenos.

Se llama locus de control a la percepción de qué grado de influencia tenemos en lo que ocurre en nuestra vida. Hay dos posibilidades: quienes pensamos que nuestro comportamiento, decisiones, esfuerzo o empeño tienen mayor incidencia en nuestro destino, y los que piensan que factores externos como la economía, las variaciones del entorno, las relaciones sociales o la suerte definen lo que nos va a suceder. A la primera opción la conocemos como *locus de control interno,* y a la segunda como *locus de control externo.*

Presta atención a lo que digo en este capítulo porque volverás a encontrarte estos conceptos más adelante. Este asunto es determinante porque te ayuda a identificar las

LA VIDA
QUE SOÑASTE

@DanielHabif

@DanielHabif

empieza justo donde termina
la vida que te tocó.

cosas que has hecho o no para llegar a tu situación actual, sea del tipo que sea. El *locus de control externo* es la percepción dominante en la que se considera que los fenómenos que nos ocurren tienen su origen en factores que escapan de nuestras manos y se refuerza cuando sentimos miedo. Los elementos que rigen su comportamiento están compuestos por fuerzas sobre las que la propia persona siente no tener influencia. Quien tiene un alto locus de control externo tiene pocas posibilidades de éxito porque abandonará la alternativa de contrarrestar el efecto de lo exterior, como una hoja que no encuentra motivos para resistirse al cauce de un río embravecido que la conduce al mar.

Como comprenderás, esta no es una posición absoluta. Todos sabemos que el trabajo duro y sabio trae frutos; también sabemos que hay situaciones del entorno que nos afectan sin que las podamos cambiar. Lo importante es saber hacia cuál de las dos posiciones te inclinas. Antes de pensar en esto debo decirte que la tendencia externa es bastante más común de lo que normalmente se piensa. Si te encuentras de ese lado de la curva no tienes que sentir vergüenza, pero sí debes proponerte a iniciar cambios en tu pensamiento.

Cuando una persona siente que sobre sus acciones hay otras fuerzas más determinantes pierde el impulso de escribir el guion de su historia, y los efectos pueden ser los siguientes:

- Reduces la posibilidad de que tengas un negocio propio.
- Te haces más dependiente de los factores de poder.
- Limitas tu iniciativa y tu creatividad.

- Aumentas la vulnerabilidad ante los tropiezos.
- Te inmovilizas cuando suceden adversidades.

Verás entonces la importancia de por qué conocer dónde estás en este aspecto. Piensa en una situación reciente que no haya salido como tú esperabas. A continuación, encontrarás tres dimensiones marcadas con dos extremos: interno y externo.

Una vez que hayas escogido el evento, responde en dónde sentiste o pensaste que estaba el motivo o la razón por la que el resultado fue insatisfactorio. Ubica una marca en la línea de la razón que tú elijas. En cuál de los dos lados sientes que estuvo, según tu análisis, la razón de por qué

No hay éxito reservado para quien ignora que ejerce control sobre su auge y su colapso.

las cosas salieron mal. Si pensaste que fue más cuestión de suerte que de actitud, pon la marca en la línea del lado derecho; si reconoces que todo salió mal porque no previste los inconvenientes, te inclinarías a la izquierda. Irás más a uno de los extremos en la medida que consideres que ese punto fue más importante que otro. Y no mientas, porque no sería a mí a quien estarías tratando de engañar.

La manera como hiciste las cosas	_____	Las circunstancias generales
No planificaste bien	_____	Muchos imprevistos
Tu actitud	_____	Mala suerte

Lo anterior te ayuda a identificar cómo percibiste un evento; un solo caso no te dirá cuál es tu locus de control. El propósito de este ejercicio es que hagas una evaluación que servirá para que luego la repitas con una larga lista de momentos o haciendo una genuina introspección de cómo actúas por lo general. Estos ejercicios tienen utilidad solo si los respondes con ácida honestidad. Si por algún motivo te cuesta dar una respuesta, espera a que estés con alguien que te conozca bien y apóyate en esa persona; pero no escojas a quien siempre te dice lo que quieres escuchar. Que sea un amigo, no un porrista.

Esta es una práctica para que te cuestiones, no es un diagnóstico profesional. Lo que deseo es llamarte la atención sobre este tema para que desees explorar más. Si quieres avanzar, en la red están los test normalizados, como la prueba de Rotter, que te llevarán a determinar cuál es tu tendencia.

Tienes que asegurarte de que nadie más que tú tiene el mayor peso en el conjunto de fuerzas que definen tu vida. Aunque no puedes cambiar todas las circunstancias a las que nos enfrentamos debes salir al combate con la idea de que tú, y nadie más (ni los políticos, los ricos, los astrólogos, tu jefe ni los pastores), tiene el control de lo que sucede.

Lo que aquí mencionamos viene del mundo científico y está ampliamente documentado. No me quiero meter en profundidades teóricas, pero tienes que saberlo porque se ha insistido en que el pensamiento positivo es una visión ingenua de la realidad, de que se trata simplemente de creer que todo va a salir bien y por eso sucederá. La realidad es diametralmente distinta, lo aquí propuesto demanda trabajo más que cualquier otra cosa. Si está lloviendo y alguien sale de su casa creyendo que ir pensando «No me voy a mojar, no me voy a mojar» le servirá para no mojarse, volverá empapado. Claro que te mojas bajo la lluvia, porque está más allá de tu alcance, lo que sí manejas es cómo reaccionas ante ella.

> **La falta de viento siempre será peor que la tormenta.**

Hay quienes creen que solo triunfan los que tienen contactos, pero olvidan que los contactos se crean y se alimentan. Hay quienes piensan que a los simpáticos les va mejor, pero ignoran que la simpatía reside en la actitud. Hay quienes consideran que los imprevistos los persiguen, pero jamás se tomaron el tiempo de planificar; ponen su mirada en lo que no tienen control, pero en lo que sí depende de ellos, jamás.

Si notas que eres una persona que tiene un alto locus de control externo, debes saber que puedes reforzar la internalización. Disecciona cada situación que analizas para encontrar dónde puedes intervenir de manera más directa.

Pudiera decirte que si haces esto y notas que hay poco o nada que puedas afectar, deberías hacerle caso a la sabiduría popular que recomienda: «No te preocupes por lo que no tiene solución». Sin embargo, nunca he hecho un análisis de este tipo en el que no aparezcan suficientes elementos sobre los que pueda operar para que las cosas me sean más favorables.

Hay otro ejercicio valioso; cuando se presente un escenario complejo, lo ideal es separarlo en la mayor cantidad de opciones y, para cada una de ellas, determinar cuánto pueden tus acciones modificar el resultado. Las alternativas van de *Muy alto* a *Muy bajo* —yo descarto la existencia de *Absoluto* y *Ninguno*, salvo en casos extremos, como el ejemplo que encontrarás más adelante—, y si las opciones son *Muy bajo*, *Bajo* o *Regular*, entonces, deben identificar cuáles son los espacios en los que sí puedes intervenir.

Nadie inicia un proyecto sin la posibilidad de que aparezcan una serie de contratiempos, aun en los ambientes más tranquilos. Un capitán no puede evitar ser embestido por una tormenta fuera de temporada, pero es el responsable de que no falten los equipos de salvamento y de que su tripulación cuente con los adiestramientos de rigor.

Toma una hoja de papel y traza cuatro columnas: en la primera describes el asunto; en la segunda, el grado de control; en la tercera, quién lo ejerce, y en la cuarta qué elementos controlas tú.

Situación	Grado de control	Quién controla	Qué controlo
Perder el trabajo	Bajo	Mi jefe	*Tener alternativas de ingreso.* *Análisis frecuente del entorno laboral.* *Hacer seguimiento frecuente con mi jefe.*
Una enfermedad súbita	Ninguno	Genética o hábitos	*Seguimientos frecuentes.* *Plan de seguro.* *Mi alimentación.* *Conocer mi predisposición.* *Fondo de emergencia.*
Mi hijo cayó en drogas	Regular	Tu hijo	*Ejemplo que doy.* *Cantidad y calidad del tiempo.* *Iniciar consultas con un especialista.*
Cliente A tiene problemas financieros	Muy bajo	Cliente A	*Revisión temprana del presupuesto.* *Definir alternativas.* *No esperar para alertar.*
Descompensación en las cuentas familiares	Alto	*Se tiene alto control. No hay a quién culpar.*	
Mal clima en el viaje	Muy bajo	Naturaleza	*Tener un plan de contingencia.* *Establecer una ruta de escape.* *Reforzar entrenamientos de seguridad.*

Este ejercicio es tan sencillo que pareciera de poca utilidad, pero cuando se realiza con cuidado y atención

florecen una gran cantidad de elementos que refuer-
zan la importancia de la acción.

Si esta aproximación con hechos ficticios te parece difícil de hacer porque son todos escenarios futuros sobre los que no tienes certeza, escoge un evento
del pasado en el que te haya ido mal y que asocies a
criterios que no pudiste controlar y repítelo, pero esta
vez con preguntas.

Situación	Grado de control	Motivo que consideras	Qué controlo
No consigo amigos desde que me mudé a esta ciudad	Bajo	En este país la gente es muy cerrada	*¿Me he inscrito en alguna actividad? ¿Sonrío y soy amable con las personas? ¿He tomado la iniciativa de establecer contacto? ¿Salgo a eventos sociales? ¿Le he dicho que sí a las oportunidades? ¿Es mi búsqueda muy ambiciosa? ¿Me sé el nombre de mis vecinos? ¿Sigo siendo dependiente de mis viejos amigos?*

Esta práctica te permite analizar cuánto de tu
propia conducta ha tenido un peso en los resultados.
Para esto hay que darse respuestas sinceras, igual
engañarse uno mismo es una actitud absurda.

La idea no es solo encontrar qué tareas realizas, el objetivo principal es entrenar tu mente para que piense en que cualquiera de las alternativas está vinculada estrechamente a la acción individual. ¿Cuántas de tus excusas de control externo carecen de sentido? Calcula cuánta energía has invertido lamentándote y pensando en lo que debió ser y cuánta en cambiar el resultado. El asunto de la energía es fundamental porque el tiempo y el esfuerzo que pongas en lamentarte no podrá ser invertido en la solución.

Quizás alguna vez sentiste que el día a día te atrapaba, como si estuvieras en un río cuya corriente te llevaba con él.

Nos hemos convencido de que no hay forma de escapar de esa corriente, de que no vale la pena intentar remar en sentido contrario. Y, lamentablemente, esa idea ha arrastrado a miles de personas que tenían las herramientas para surcar el cauce de sus aguas.

Vivimos, además, en un continente con una carga cultural que nos lleva a poner el control fuera de nosotros y tenemos un sistema educativo arcaico, que refuerza esas creencias.

¿Te rindes a tu causa o te rindes ante tus circunstancias? Pelea, o espera a que te devoren.

Cuando he mencionado este punto en algunos foros, siempre hay alguien que reacciona con cierto encono trayendo el tema de que no podemos hacer nada en estos países donde los políticos han acabado con la economía y el bienestar social. Este argumento es contundente, pero no cambia la realidad del asunto que estamos revisando.

Es cierto que no podemos cambiar el nefasto entorno político-social de América Latina, pero eso no debe ser un motivo para entregar el volante de tu vida. Te pondré un ejemplo muy personal: yo tengo una condición que se llama enfermedad de Lyme, y por mucho que hable de control, no la puedo cambiar.

Por lo general, esta es una afección que dura unas semanas o meses, pero hay un grupo de contagiados, entre estos yo, que desarrollan una variante crónica, es decir, permanente.

Cuando llega al nivel que yo la padezco, es una dolencia inconveniente para la profesión en la que soñé hacer carrera, el mundo del arte, porque produce dolores articulares, en los tendones y en los músculos; a veces son severos y, en ocasiones, paralizantes. Causa rigidez en el cuello, hay episodios de parálisis facial. Cuesta moverse. Y eso es solo lo que puede considerarse «externo», porque más adentro hay afectaciones que tienen que ver con el ritmo cardíaco y respiratorio. Con mi memoria, con mi energía, la vista, etc.

No me la puedo quitar y por el momento es algo sobre lo que no tengo el control, pero sí puedo dominar mi relación con la enfermedad, la forma en la que dejo que esta me imponga límites dentro de sus proporciones. Sé que está allí. He tenido que hacer presentaciones en vivo en las que subo al escenario con las rodillas ardiendo y la mitad de la visión en un ojo. Pero así como esta me quema los huesos, yo hago que arda mi actitud, porque eso sí lo provoco yo. La diferencia está en la perspectiva, y esta sí se cambia con los pensamientos.

Lo voy a decir sin reservas: no tenemos el control de todas las circunstancias, pero siempre tenemos capacidad de modificar una de ellas (cómo las enfrentas), y eso es un enorme progreso.

Para resumir, debo decirte que en cualquier contexto busques que tu éxito provenga del esfuerzo, del empeño, de la perseverancia, así como de un ingrediente especial. Ese ingrediente en mi receta es la fe, la sazón te la dejo a ti. La dejo para el último porque quiero hacer un foco especial sobre esto porque a mucha gente le suena incongruente que hable de fe cuando invito a buscar respuestas en lo que podemos controlar.

La fe está en lo interno porque proviene de nuestra confianza en lo que viene de Dios; pero, además, porque la fe es una conexión con lo divino, no para pedir, no para recibir, sino para dar sin esperar nada a cambio.

La fe no opera sin disciplina ni esfuerzo, estos últimos se necesitan como nutrientes. Con la creencia profunda, la fe deja de ser una ilusión, un simple concepto, y se convierte en una forma de vida, en acción y hechos.

> **Todos estamos sujetos a las consecuencias de nuestra propia fe.**

Esa es la fe que quiero ardiendo en ti, una que deja de ser vaga y adquiere poder para alcanzar su esencia divina y superar lo natural. Esta certeza te permite traspasar las puertas de lo imposible y poder concebir lo que es infinito. La fe se revela en los logros concretos.

Todo aquello que guardes en tu corazón, será el *software* con el que programes el control de tu vida; por lo tanto, es esencial que lo uses para almacenar la verdad y la voz de lo alto, te asegurará que de tu pecho solo salgan milagros. Nadie, sino tú, debe tener el control. Dios es la única fuerza a la que no puedes doblegar, pero esa fuerza no está fuera de ti, está íntimamente cerca. Dios nos mandó con el control y el dominio, y quiere que lo usemos con sabiduría y con valentía. Él nos ha concedido la virtud de ser los catalizadores y navegantes de nuestro destino.

LA VOLUNTAD DE DIOS

NO SE ESPERA,

SE BUSCA Y SE HACE.

Capítulo 4

Las trampas de las pérdidas

El miedo puede penetrar de tal manera en nosotros que algunas veces tememos dejar de hacer cosas con las que no nos sentimos a gusto. Esto sucede por distintos motivos, por no querer decepcionar a otros, por negarnos a reconocer que nos hemos equivocado o por confiar ciegamente que nuestra decisión inicial fue la mejor. Estas razones suelen estar apoyadas en una creencia de que hay un costo perdido.

Escogemos una película en la televisión y tras 20 minutos no hemos hecho más que aburrirnos, pero nos mantenemos allí porque ya comenzamos a invertir un tiempo que no queremos perder. Al rato, dudamos si valdrá la pena seguir viéndola, pero ahora es mayor el tiempo que hemos destinado a esto. Casi una hora y sigue sin pasar algo bueno. Dos horas más tarde, luego de bostezar, la película termina; la hemos odiado, nos ha dejado un mal sabor de boca y nos arrepentimos de no haberla quitado la primera vez que lo pensamos. Sin saberlo, hemos sido víctimas de nuestra propia terquedad. Por no perder 20 minutos, derrochamos 120 y, además, nos vamos a dormir con un malestar.

Odiamos perder, pero no hacemos nada por salir de donde siempre perdemos.

No es nada grave perder dos horas viendo un filme atroz, comernos entero un dulce que no nos gustó porque ya lo habíamos pagado o seguir en un congestionamiento que pudimos haber evitado; el problema es que esta conducta la mantenemos en aspectos esenciales de nuestra vida como el manejo del patrimonio familiar, de los negocios que no satisfacen o de las relaciones que nos hacen infelices.

No quiero que esto te suene a «renuncia si al principio fracasas», no tiene que ver con esto. Si hay una idea que me mantiene en pie es que te esfuerces y te levantes ante cada caída. Yo soy experto en tropiezos, me deshice las rodillas de tanto rodar, y me las curé usándolas para orar. Lo que quiero dejar en tu corazón es que proteger lo que has perdido no es una razón para quedarte, el único motivo para seguir insistiendo es lo que puedes ganar.

¿QUIÉN ERES?

UNA CONTRADICCIÓN,

TAL COMO TÚ.

Esta mentalidad que te lleva a mantenerte en los números rojos, las horas en vano o las lágrimas, es la misma que alimenta las ansias de los apostadores, que son capaces de arriesgar mil con la esperanza de rescatar los cien que habían perdido en la ronda anterior.

Este problema es muy fácil verlo en las inversiones y los negocios, pero es más difuso y difícil de identificar en nuestra vida personal; algunas veces nos mantenemos en relaciones de amistad, asociación y afectivas que nos causan dolor y que al instante sabemos que no funcionarán, pero nos lleva años aceptarlo. Claro que debes luchar; sin embargo, esa lucha no puede ser solo para que valga la pena lo que has sufrido.

Solo los cobardes salen corriendo a las primeras pérdidas, pero también es de cobardes no tener el coraje de partir si es necesario. El miedo a actuar no te puede vencer, y mucho menos cuando vives en una situación que no tiene mucho que ofrecer.

Otra de las causas que te atan al costo perdido es la influencia social. Algunas veces nos mantenemos debido a las reacciones que otros pueden tener y nuestra relación con ellos. Esta mentalidad es mucho más poderosa cuando otros están involucrados. Esto es algo que se ve normalmente en las empresas; por experiencia, puedo decir que a los gerentes les cuesta tener que cerrar la relación con empleados que

> **Está mal que hayas perdido tiempo y dinero, pero perder las ganas hubiese sido mucho peor.**

76

desaprovechan una y otra vez las oportunidades que les dan. Hay personas con las que yo gasté mi tiempo, quise recuperar el afecto y las atenciones ofrecidas, pero a ellos les dio igual.

La presión social puede causar un peso que nos haga más difícil salir de situaciones de costo perdido, porque además de no querer abandonar lo que hemos depositado en vano, debemos sabernos atravesados por los juicios públicos de quienes no tienen autoridad. Es bueno, por eso, evaluar las opciones de salida con personas que no participaron en la decisión original ni se sienten vinculadas emocionalmente con esta.

Como primer paso, reconoce tus errores abiertamente. Antes de abandonar una situación en la que estés perdiendo, discute los motivos para quedarte o para salir; lo puedes hacer a solas o con personas de confianza, idealmente sin mayores nexos con la decisión, como lo vimos antes. Pierde el miedo y la cautela, la transparencia será fundamental para evadir la posibilidad de caer en la trampa o de salir de una situación de forma anticipada.

Si decides quedarte en esa relación, en esa amistad o en ese negocio, hazlo porque tienes confianza en que hay un futuro posible, pero no porque ya has invertido demasiado en el empeño.

Estancarse es natural aunque estés en una situación que te genere perjuicios; nada mejor para corregirla que saber que algunas veces nuestra programación nos engancha a mantenernos acumulando pérdidas porque tenemos miedo de perder; darnos cuenta de que pensamos así nos ayuda a resolver. Ya hemos visto que al cerebro le da pereza pensar, que busca lo más sencillo y que prefiere los atajos aunque estos no lo lleven exactamente hasta donde quiere llegar.

El miedo a lo diferente se protege con lo que está establecido. Dime ¿cuántas veces has cambiado el modo en el que viene configurada tu computadora o tu celular? ¿Cuántas veces le has dado clic a «Aceptar las condiciones» sin leer? Dejamos que el *statu quo* nos domine, que ponga las normas que por derecho nos corresponde a nosotros definir.

¿Sabías que los países que precondicionan a las personas como donantes muestran las tasas más elevadas de órganos disponibles? Por lo general, las personas tienden a creer que la disposición a donar tiene más que ver con la cultura, pero en realidad tiene más que ver con nuestra baja disposición a actuar. Bélgica, Holanda y Luxemburgo son países similares en cultura y capacidad adquisitiva; no obstante, en el 2019, el primero duplicó la tasa de porcentaje de donación de órganos de los otros dos. En los países con mayor tasa de donación hay que registrarse como «No Donante», no al revés. Hay más órganos disponibles para trasplante donde la gente tiene que realizar un cambio.

La conclusión es que la cantidad de personas elegibles como donantes tiene menos que ver con el tema cultural y mucho más con la forma en la que se han definido las reglas del juego. En lo que tiene que ver con donar órganos, la pereza del cerebro puede tener más impacto que la grandeza del corazón.

Nuestro miedo nos lleva a cambiar las cosas, las dejamos como están; resulta más fácil descargar la responsabilidad en otros, pero esto no es más que una manifestación de nuestra tendencia a no actuar, una forma en la que nuestro cerebro se protege aunque con eso permanezca en una situación que no le hace ningún bien.

Esos miedos que nos paralizan hacen que nos cueste cambiar lo que otros han establecido por nosotros. Hemos adquirido hábitos, ideas y formas de vivir que estamos en capacidad de cambiar. Revisa todo lo que está definido a tu alrededor y analiza cómo sería si las condiciones estuvieran definidas al revés ¿las cambiarías? Lo más importante cuando evalúas el contexto de las cosas es que si fuese obligatorio hacer lo que hoy está definido, ¿cómo lo harías? ¿Lo dejarías tal como está? Algunas veces no analizamos por el miedo a actuar.

Yo no espero transformaciones extraordinarias de nadie, lo que escribo en este libro no tiene esa intención. Lo que quiero es que combatas el miedo para que hagas cambios que no te has atrevido; no tienes que convertirte en una superestrella o ganar un Premio Nobel. Si eso es lo que sueñas, ve por ello; pero quizás el cambio que necesites en tu vida sea la forma cómo cambias la relación entre padres e hijos que se ha establecido en tu familia, y que tú nunca has pensado cambiar. Quizás el cambio que marcará tus días será dejar de seguir apostando a ese empleo, no porque te gusta, no porque confías en las oportunidades, sino porque te resistes a dejar atrás

> **Deja que te invada un anhelo por lo que valga la pena persistir.**

los años que llevas allí; se irán acumulando los años y tendrás mucho más que perder.

En muchas ocasiones, los cambios que tenemos miedo de seguir no están fuera de nosotros. Estamos acostumbrados a pensar que lo que nos cambiará la vida de forma radical debe ser impactante a los ojos de los demás, y por ello olvidamos revisar la lista de nuestras necesidades espirituales. ¿Sientes que hay un costo perdido en creencias que te cuesta dejar? ¿Sigues una vida carente de Dios porque en tus círculos sociales se supone que debe ser así?

Cambiar una vida que te pesa es algo que quizás no se ve enorme, pero que requiere un esfuerzo descomunal. No aparecerás en los diarios por modificar un matrimonio que ya no funciona, por dejar la empresa en la que has trabajado por años o por rehacer tu vida en otro país, pero esas son las acciones que escriben la épica de tu vida, son acciones que solo los valientes pueden intentar.

Muchas veces me han preguntado qué cambio le pediría a la persona que fui hace diez años. Supongo que tú también has hecho este ejercicio; su utilidad es que dice algo importante sobre lo que hicimos o no hicimos en el pasado. Lamentablemente, ya no podemos volver atrás.

Pero respóndeme, si te visitara la persona que serás dentro de diez años, ¿te daría las gracias o te reprocharía?

Escríbelo. Puede ser algo así:

Mi yo del futuro me agradecerá:

Tener esa segunda fuente de ingreso. / Haber aprendido un segundo idioma. / Que le puse fin al maltrato. / Que mis hijos se sintieran orgullosos de mí. / Que me acerqué a Dios cuando fue necesario.

Pero también pueden ser reproches:

Mi yo del futuro me reprochará:

No haber disfrutado suficiente de mi padre. / Que nunca terminé el posgrado. / Que envejecí al lado de una persona que no amo. / Que nunca puse en práctica esa idea maravillosa. / Que no viajé lo suficiente.

¿Lo compartirías? Ingresa a https://danielhabif.com/ejercicio-10-libro y responde:

Spoiler: No te visitará tu yo del futuro, pero estas páginas volverán para recordarte esas cosas que te agradecerás o te reclamarás porque a diferencia del pasado, el futuro sí se puede cambiar. ¿Nos vemos en diez años?

Hace poco hablaba con alguien que me dijo: «Si yo me ganara la lotería, me dedicaría a dar clases en la universidad». Es decir, esta persona espera un premio cuya posibilidad de ganarlo es de 0,00000001 % cuando él carga en sí mismo el billete ganador.

La gente no avanza porque tiene miedo a perder lo que tiene; lo malo es que muchas veces, eso que intentan proteger los hace profundamente infelices.

Nos defendemos diciendo que comenzaremos a armar el rompecabezas cuando encontremos la pieza que nos falta. Pero el rompecabezas tiene diez mil piezas. ¡Comienza a armarlo de una vez! Quizás te muestra la imagen de tu lugar en el mundo o la sonrisa en la que hallarás el amor. No puedes negarte a comenzar por una pieza perdida que puede estar escondida en tu corazón. Quién sabe si Dios la tiene guardada para dártela como premio por haber tenido fe en que Él la haría aparecer.

Dios hace con la tristeza lo que el sol con la neblina: la disipa.

Yo también estuve encerrado en la convicción de que no podía realizar los cambios porque no quería asumir la pérdida que implicaba dejar atrás algo que en el fondo no quería.

Tocaron la puerta. Grité desde adentro: «¡¿Quién es?!». Era yo quien tocaba.

Me ha consumido el encierro; entre estas paredes afónicas he bajado cien veces al sótano de mis insomnios para resanar los huecos y grietas por donde gotea la ansiedad. Hay más polvo que recuerdos aquí abajo; están regados huesos rotos de un reflejo condicionado. En las esquinas se escabullen los tubos que llevan mi llanto, pero el miedo lame impune todos los murmullos de mis ánimos.

Este espacio inquieto es el cementerio de mis sueños clandestinos. Traigo en las manos un rayito de luz que revela miserias y alegrías de lo cotidiano. ¡Qué temor!, ¡qué temor!, sacudir escombros de los rincones de mi corazón.

¿Cuántas cosas perdemos en la vida? Pequeños aretes, botones, monedas y cartas que se caen de nuestros bolsillos, pasaportes, teléfonos, besos, deseos y calcetines. Nos despedimos de mascotas y de hermanos, de amores y del tiempo; algunas pérdidas son tan grandes que no se pueden expresar. Todo lo extraviado tiene una historia y una razón por la que desapareció.

Saber perder es una forma de ganar. Hay ocasiones en las que el flujo de las cosas debe tener un final. ¿Sabes dónde está ahora la sabanita que un día juraste que nunca ibas a dejar? Un día jugando enterraste un muñeco, y por mucho que cavaste no lo volviste a encontrar. Pero esas partidas eran necesarias, aunque nos dolieron como nos dolerán otras que vendrán. ¿En qué triste momento de la vida dejé de saltar en los charcos porque se ensuciaban los zapatos? ¿Por qué fui abogado si soñaba con tocar el bajo en los escenarios?

Es doloroso escuchar historias de quienes se perdieron a sí mismos, especialmente los casos en que sucedió debido a su terquedad de no querer perder. No recuerdo cuándo extravié mi nombre, deseché mi dignidad y me quedé sin límites. Poco a poco fui dejando caer pedazos de mi corazón en cada traición, en cada muerte, en cada juerga, en cada botella, en cada desliz, en cada ira provocada por las pérdidas acumuladas.

¿Será que nos hacemos los perdidos por el temor de encontrarnos como en verdad somos? ¿Será que nos duele aceptar que no somos lo que soñábamos; entonces, nos buscamos en la vanidad, y en ella nos encontramos? ¿De qué huimos?

Nuestra sigilosa conciencia nos atormenta, nuestra sombra nunca se borra ni se nos despega; nos golpea cual mazo que aplasta el alma, y mientras corro de ella, rasgo el piso con mis garras de oveja, de perro, de asno, de lobo y de león. Vivimos perseguidos por pestes diversas, por enemigos, por deudas, por enfermedades, por ratones y serpientes, por la terrible verdad. Estamos quienes nos hacemos en el escombro, en la rabia de no poder ayudar a todos y nuestra desesperada huida de una pérdida que deberíamos abrazar. Estas huidas se me han reflejado en el espejo, viendo a un hombre sin planes; las he visto en los ceros de mis cuentas, en el silencio aterrador de mi alcancía, en la letra incomprensible que reposa en el récipe médico, en la correspondencia amarilla. Esa huida la he escuchado en los repiques de llamadas que no contesté, en el goteo de la ducha que no logra levantarme, en el despertador que suena sin motivo, en el silencio de una puerta que solo suena cuando la toco yo mismo.

¿Será que nos perdemos con la esperanza de encontrarnos mejores de lo que somos?

Son esas las señales que nos hacen sentir que no hay salida, que no tenemos escapatoria, pero sí la hay. No podemos pensar que salir a tiempo es una derrota, no debemos admitir que nos aborde la sensación de fracaso. Lo más constante en nuestra vida debería ser la alegría. Aprendamos a abrazar la pérdida como fuente de aprendizaje y conocimiento. Asumo mi destino eterno, estoy dispuesto a pagar el precio de perder mi vestido, mi reputación y mi futuro, porque Él no me dio espíritu de cobardía, sino de poder y dominio propio. Su luz me alcanzó, me liberó, no estoy del todo solo, el cielo está a mi favor, voy de nuevo. El presente y el futuro son mi campo de batalla.

No hay pérdida si pones a Dios en la cuenta.

Padre, voy a ti.

NACÍ
extraviado,

**y no tengo ganas
de que me encuentren.**

Capítulo 5

Las trampas de las limitaciones

E l miedo se nos enquista cuando se nos han clavado demasiadas derrotas en los huesos y escogemos las marcas de nuestras cicatrices como un alfabeto para describirnos. No hay forma de vencer al miedo si lo enfrentamos con una visión limitada de nosotros, cuando hemos alcanzado un techo que nos hemos impuesto. Debemos desaprender, hacerlo con pasión; debemos sacarnos del cuerpo los pensamientos limitantes que acumulamos como fósiles.

No dejes de desaprender, creer que ya sabemos suficiente es una extraña señal de que estamos listos para morir. Hazlo para que vuelvas a la posición del principiante que encuentra todo nuevo y por ello mira en cada cosa una oportunidad inexplorada. Mírate como que fuera tu primer día, estás en cero por lo que no tienes nada que demostrar. Olvida un tanto y vuelve con la mente fresca.

Para desamarrar las trampas del miedo hay que enfrentar las limitaciones de las que nos convencemos nosotros mismos y que encuentran su origen en la adopción del aprendizaje porque impactan de manera trascendente en cómo te defines y cuánto miedo te permites tolerar.

La sabiduría también es aceptar que nos hace falta todo por aprender.

❖

Antes de que avancemos en este capítulo, te pido que no veas el contenido de lo que encontrarás a continuación como un asunto que se restringe exclusivamente al aspecto educativo; verás que es un tema que repercute en nuestra forma de vida, que es una delicada colección de aprendizajes y está moldeada, además, por la relación que tenemos con lo que sabemos y lo que desconocemos. Un historia que muestra cómo esto puede llevarnos al éxito nos la da Art Tatum, el majestuoso jazzista norteamericano. El músico aprendió de niño a tocar el piano escuchando y repitiendo piezas que su madre hacía sonar en una pianola; Tatum, repetía las notas hasta que conseguía igualarlas. Solo cuando era más grande y ya había llamado la atención de los críticos se enteró de que los rollos de la pianola habían sido programados con dos pianistas. Había logrado tocar canciones para las que se necesitaban cuatro manos. Lo logró porque nadie le dijo que tenía límites.

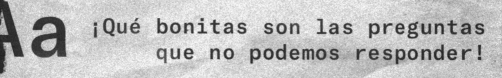

Aa

¡Qué bonitas son las preguntas
que no podemos responder!

Esta historia maravillosa solo es posible para una persona que no se estableció restricciones, alguien que solo creía en su esfuerzo. Es por este motivo que doy tanto peso a nuestros conceptos, territorio obligado si queremos mandar de viaje al miedo. Ya veremos por qué.

Existe una íntima relación entre la manera en que nos vinculamos con el conocimiento y cómo a través de este hacemos una evaluación de lo que creemos ser. En función de estos criterios se han descrito dos modelos de pensamiento: la *mentalidad fija* y la *mentalidad de crecimiento*. Las personas de mentalidad fija consideran que sus habilidades no cambian, motivo por el cual les cuesta esforzarse. «Yo no sé bailar», «Yo soy malo en matemáticas», «Yo no entiendo inglés». Por el contrario, los de mentalidad de crecimiento sí piensan que pueden mejorar, y que eso lleva tiempo y esfuerzo.

Estas ideas fueron propuestas por la psicóloga Carol Dweck, y nacen de sus investigaciones sobre práctica escolar, pero ocupan un espacio mucho más amplio que este. Pueden definir, en gran medida, nuestra aproximación al éxito y al fracaso. La relación con el saber influye nuestro desempeño individual en la vida porque esta es un aprendizaje continuo y no se queda en la escuela.

Este criterio tiene sensibles implicaciones para el éxito en la vida, porque las personas con mentalidad de crecimiento se esfuerzan por expandir sus conocimientos, los de mentalidad fija se preocupan más por *probar* lo que saben. Esto hace que los primeros reciban mejor los retos mientras que los segundos prefieren situaciones en las que pueden aplicar lo que ya saben. Con esto no quiero decir que un superdotado como Tatum no tenía talento, sino puro esfuerzo; no se trata de que haya unos con más inteligencia que otros, el asunto es cómo se usa la inteligencia. Por otro lado, varias figuras de mentalidad creciente solo conocieron su potencial tras un fracaso, porque fue precisamente allí que desmontaron sus modelos estáticos. El fracaso activó la actitud adecuada que, a su vez, potenció sus talentos.

Una persona de mentalidad fija dice: «Yo no me sé el procedimiento para resolver esa ecuación»; la de mentalidad de crecimiento dirá: «No he logrado resolver la ecuación porque aún no he aprendido un procedimiento». No pienses que esto solo describe a los niños, estos esquemas te acompañarán toda la vida y son precisamente de adultos que tienen un efecto más relevante. ¿Recuerdas al chico brillante del colegio, ese que siempre sacaba las mejores calificaciones, pero que con el tiempo se fue quedando estancado? ¿Podrías adivinar que aquella chica que parecía una más del montón terminaría como la presidenta de una empresa exitosa?

> **Abordar la curiosidad, aunque vaya al fracaso, será mejor que anclarse en el conformismo.**
>
> ❖

Por un momento olvida que estas ideas tienen que ver con tu posición frente al conocimiento, míralas desde la perspectiva de tu relación con los retos. Tenemos de un lado un grupo de personas, bastante inteligentes, que consideran que sus habilidades son inamovibles, como si estos fueran atributos divinos. Cuando concebimos las capacidades como un aspecto que nos define, los fracasos se convierten en una negación de lo que creemos ser. Si enseñas a tu hijo a evaluarse como mejor o más inteligente que los demás, comenzará a dudar de ello cuando estas cualidades no le permitan resolver problemas más complejos. No te estoy recomendando que dejes de incentivar a los niños, por el contrario, lo importante es que lo hagas principalmente por su esfuerzo. Los jóvenes no necesitan recompensas por lo buenos que son, sino por su valentía de intentar, de empeñarse y de perseverar.

No veas esto como palabras vacías; ha sido comprobado repetidas veces y existe consenso en que, cuando a los estudiantes se les pide resolver ejercicios complejos, los que tienen mentalidad fija intentan responder, pero rápidamente reconocen que no están en capacidad de resolverlos. Se convencen con rapidez de que carecen de los recursos necesarios para llegar a una conclusión satisfactoria. Los de mentalidad de crecimiento, en cambio, insisten tanto como les es posible, aunque no cuenten con las destrezas necesarias. Puede que no sean talentosos como los otros, pero les sobra determinación para intentarlo.

Podemos resumir que, con la perspectiva adecuada, cada dificultad es una oportunidad; cada cosa por conocer, un hermoso reto. En efecto, en una prueba más que contundente, los investigadores compararon dos grupos de estudiantes con mentalidades fijas y de crecimiento, respectivamente, y vieron cómo estos últimos obtuvieron un mejor desempeño. Ante cualquier duda, este ejercicio se hizo con matemáticas, en la que los atributos humanísticos tienen menor peso.

La mentalidad de crecimiento convierte cada dificultad en un estímulo, cada elemento desconocido se transforma en un reto, algo que la mentalidad fija rechaza porque no está basada en lo que ya sabe. Una mentalidad fija es fácil de identificar porque otorga un peso desproporcionado a lo logrado, ya que eso refuerza el apego a lo que se sabe. Es común que este tipo de personas encuentren cualquier excusa para soltar píldoras de lo mucho que saben. Adicionalmente son particularmente sensibles a la crítica porque cuestionan la base sobre la que se sostienen.

Nada que perder, nada que demostrar, así eres más convincente.

Una de las razones por las que la mentalidad fija atenta contra la innovación es que solo se siente cómoda cuando puede demostrar sus cualidades, y se queda refugiada en las actividades donde esto se le hace posible. De allí que un sistema educativo que demanda poca investigación y que se cierra a la creatividad no solo satisface a quienes se mueven con este modelo, sino que los premia y refuerza un pensamiento que es incompatible con los retos que enfrentamos en el mundo actual. La mentalidad fija da vueltas sobre sí misma, como un perro que se muerde la cola, porque su interés fundamental es confirmar lo que sienten que son.

Una mentalidad fija nunca hubiese podido asumir un reto como el de los hermanos Wright, que se empeñaron en una misión que desde el principio olía a fracaso, pero de la que salieron volando con el primer avión. Esta trampa del miedo hace que las personas construyan fortalezas en sus áreas de dominio, lo que los puede hacer llevar a evitar por completo la posibilidad de fallar, rechazar la crítica o asumirla como un ataque personal, buscar caminos fáciles y atajos, ocultar sus errores o no aceptarlos. Una mentalidad fija define el futuro con los valores presentes porque el conocimiento que se tiene se pone por encima del que se puede obtener, por este motivo ofrece una menor disposición a la innovación.

Supongo que luego de leer lo anterior te has hecho una idea de si eres una persona de mentalidad fija o de crecimiento. Siento que luego de leer los conceptos básicos, todos podemos autoevaluarnos, sin que sea un ejercicio demasiado complejo.

Antes de hacer cualquier análisis, te adelanto que no tienes que sentirte mal si tienes una mentalidad fija; malo sería no saberlo jamás. Además, la mentalidad fija se puede cambiar.

Para evaluarte tienes que revisar cómo han sido tus experiencias de aprendizaje. A continuación tendremos una serie de preguntas que quiero que leas con detenimiento; cada una de ellas te pone a escoger entre dos opuestos; responde cuál ha sido tu tendencia más habitual. De esta manera irás conociendo hacia cuál de los dos tipos te orientas más.

Veamos un ejemplo:

Prefiero los perros. | 1 | 2 | 3 | 4 | 5 | Prefiero los gatos.

Si eres como yo, que te inclinas por los gatos, pero igual amas a los perros, quizás marques el número 4.

Prefiero los perros.  Prefiero los gatos.

Pero si eres un amante enloquecido de los perros, que no tendrías un gato marcarías el número 1; el caso contrario sería el número 5. En caso de que ames a los perros y a los gatos por igual, como mi amada esposa, pues estarías en el punto medio, el número 3.

Con este ejemplo, quisiera que respondas las siguientes preguntas que tienen que ver más con el aprendizaje:

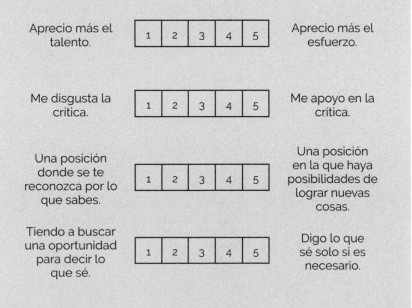

Cuando adquiero información nueva, suelo expresarla rápidamente.	1	2	3	4	5	Cuando adquiero información nueva, suelo ponerla en práctica rápidamente.
Desearía mucho conocimiento.	1	2	3	4	5	Desearía mucha inteligencia.
Me complace que me admiren por mis conocimientos.	1	2	3	4	5	Me complace que me admiren por lo que he hecho.
Preferiría tener a un empleado bien entrenado.	1	2	3	4	5	Preferiría tener a un empleado con buena actitud.
Mis principales logros se los debo a mis talentos.	1	2	3	4	5	Mis principales logros se los debo a mi esfuerzo.
No le subo la complejidad a un juego si siempre gano.	1	2	3	4	5	Juego en complejidad alta aunque nunca gane.
Cuando algo sale mal siento que las cosas tienen que cambiar.	1	2	3	4	5	Cuando algo sale mal siento que tengo algo que cambiar.
Me emociona lo que he aprendido.	1	2	3	4	5	Me emociona lo que puedo aprender.

Estas son preguntas muy sencillas, sé que podrás responderlas con facilidad. Suma los puntos. Si el resultado es de 40 o menos, te invito a que trabajes tu modelo de pensamiento con tres ejercicios fundamentales:

1) Asumir retos que impliquen la adquisición de nuevos conocimientos.
2) Exponerte más a la crítica, estimúlala de ser necesario.
3) Pon límites a las veces que demuestras lo que sabes. Hazlo solo cuando sea necesario, desintoxícate.

Seguramente me has escuchado decir que me he construido a fuerza de caídas, que levantarse del suelo es un atributo indispensable para la victoria. De aquí es que nace, y solo es posible si estamos regidos por una mentalidad de crecimiento, que es la única manera que al levantarte te sientas más fuerte que al caer.

Todos podemos cambiar nuestra mentalidad fija, pero los niños lo pueden hacer más fácilmente. Te imaginas todas las escuelas de nuestro continente enseñándoles a los alumnos esta forma de pensar. Esto no es imposible ni se tiene que considerar una utopía porque, como ya hemos visto, se ha puesto en práctica en el pasado con resultados favorables.

Los que opinan muestran sus creencias; los que actúan, su convicción.

❂

Si esto no lo hacemos en las aulas, podemos hacerlo en los hogares, pero es bueno que lo asumas como la seguridad de los aviones. Las normas nos recomiendan ponernos la máscara de oxígeno nosotros primero antes de ponerla a nuestros hijos. No podremos educarlos en estos principios si nuestro pensamiento se queda en modo fijo.

Más adelante discutiremos sobre liderazgo, pero te adelanto que un líder se hace valioso cuando reta y cuestiona, cuando invita a desaprender. Alinear la mentalidad de crecimiento con la función gerencial implica un énfasis en el florecimiento individual, y esto solo puede ocurrir cuando se busca superar lo conocido, cuando equipas a la gente para que use sus dones. El líder no enseña a copiar, enseña la autogestión de las virtudes personales.

Si quieres liderar, debes desechar cualquier traza de egoísmo. El liderazgo es un sacerdocio, una entrega, ya que es una responsabilidad que va por encima del ego. Debes poner la actitud sobre la aptitud, la innovación sobre la experiencia. Un líder ama más a los rebeldes que a las reglas, ama más las personas que a la estructura.

Tener apertura —ser capaz de combinar la contabilidad con la gastronomía— es una muestra de amplitud, de quienes ponen su espejo en el *mindset* de crecimiento. Por otro lado, la arrogancia es la carroña que alimenta la soberbia, es el ejército de arcilla de los eruditos a los que les molesta que gritemos sin mostrar su patente para levantar la voz. Niños escondidos, miedosos de pensar por sí mismos; repetidores de conceptos ajenos, mentes que han perdido la elasticidad y la capacidad para discernir a propia voluntad.

Ricos en información, se alzan como coleccionistas de conocimiento, pero estériles en los hechos porque les falta entendimiento y pasión. Son bodegas de teorías que nunca convierten en acción. Se columpian de cita en cita, sin juicio propio en el que sostenerse ni agallas para aceptarlo. Cabalgan en la intrepidez de otros para minimizar a quienes sí tienen el coraje de pensar por sí solos.

Mis ideas no serán geniales, pero son mías, buenas o malas; las parí y me hago responsable de ellas. He construido mis opiniones desde lo más interno; en cambio, los que creen saberlo todo están listos para morir, ¿qué otra cosa es la vida sino un aprendizaje constante?

El sabio lleva una vida de alumno, pero aquel que acumula datos y datos, puede darte la información más superficial de todas, porque lo sabe todo, sin entender nada.

Claro que me abono con el polen nutritivo de la lectura y del estudio, pero también soy un lector del libro de la naturaleza, impactado por estímulos vivos que me rodean, aconsejado por la brisa y la tenacidad de las olas. Camino en sentido contrario al ilustrado que menosprecia el propio pensar, que anteponen los museos de plantas muertas y animales disecados al bosque fecundo de la creación.

Hay quienes, al estar faltos de invenciones propias, usan las de otros para destruir las tuyas; su intelecto es arrendado, constituido por otras mentes y calzado a la fuerza porque es de la talla incorrecta. Se vanaglorian de ideas

Se van porque les es más fácil irse que pasar por el proceso de cambiar.

❋

transmitidas de segunda mano que son como trastos usados, comida masticada, fruta magullada. Quieren impresionar con una originalidad duplicada, comprarnos con una moneda no acuñada por ellos. Son tipos que invocan a los grandes filósofos para aliviar su carente inteligencia e intuición propia. En sus charlas recitarán el tamaño de su biblioteca como único argumento válido, pero será la evidencia de su falta de ingenio. Reclamarán su victoria basada en la longitud de su lista de títulos acumulados aunque permanezca en blanco la lista de lo que han entendido y logrado.

Te dirán que eres común sin darse cuenta de lo comunes que son al estar atrapados en las corrientes, opiniones, prejuicios e historias inertes que han asumido para formar parte de una élite «superior», que de superior solo tiene la aridez. Tienen tanto miedo de lucir estúpidos que se niegan a pensar.

En su patética escenografía, temen a quienes aceptamos lo que somos, a quienes reconocemos nuestra vulnerabilidad; nos temen porque sospechan que de allí nace la mayor firmeza, la de reconocer lo que somos, de aceptarlo y la de poder cambiar a voluntad, aunque sea para hacernos más ordinarios y comunes, lo que también nos engrandece.

EL VIRUS
LE PUSO UN TAPABOCAS A LAS
EXCUSAS.

@DanielHabif

PAUSA PARA REFLEXIONAR:

NO ME RINDO

Que me digan «fracasado» todas las veces que quieran, pero que jamás me llamen «frustrado». No quiero sentir culpa por equivocarme intentando mis sueños. Aunque la cagué de forma descarada, no me arrepentiré de intentarlo una y otra vez. No hay una ruta clara sin tropiezos, este camino lo estoy haciendo junto a los míos. Es hermoso atreverse, equivocarse también.

A veces nos sea necesario dejar que las cosas se derrumben para poderlas reconstruir. Es hermoso atreverse a confiar en tus ideas incluso cuando no sean las más irresistibles. He aprendido que es preferible enarbolar propuestas inconclusas que llevar unas revestidas de grandilocuencia para encajar con los deseos imperantes. Estoy dispuesto a pagar el precio de lo que creo, aunque dude de ello. Los valientes asumen los errores, los cobardes tratan de ocultarlos. Dios nos da sabiduría para ser normales y conseguir cosas extraordinarias.

Muchos esperan que algo bueno les suceda mañana; se sienten hijos del futuro mientras ignoran que el presente se les muere en las manos. Esperan el momento perfecto que es una falacia. Nada del mañana nos pertenece, pero ellos despiertan sin percibir el alba porque se enfocan en el día que no ha llegado.

Es que estar en el presente duele, y duele, cabrón. Por eso hay que ser tan tercos para salir del desánimo y batir las alas en un nuevo vuelo. Debemos ser tercos como el mar que se entrega a la orilla, de noche y de día.

Hay dos momentos en los que recordamos nuestra condición humana: cuando nos damos por vencidos, o cuando somos suficientemente testarudos para no aceptar la derrota. De esta forma superamos las fragilidades, siendo fuertes y resilientes, negados a recitar el diálogo de la víctima. Nos mantenemos valientes y esforzados, sembradores demandantes que viven con la fuerza del carácter y se forjan un camino a voluntad propia, que hacen joyas con el esfuerzo que revela la grandeza de su espíritu.

Claro que hay días grises, de dolores obstinados que se vuelven difíciles. Ocasiones cuando los pensamientos aprisionan, pero no olvidemos que darnos por vencidos no es una opción. Los inquebrantables no nos rendimos, ni por un segundo pensamos en detenernos a pesar de tener una avalancha de opiniones en contra. Aceptamos que hemos perdido batallas, pero seguimos sin ser vencidos porque siempre hay un motivo para estar orgullosos de los intentos. No existe la culpa por soñar e intentar un poco más, solo un ensayo que resurge cada vez que uno de nosotros cae.

Dentro de mí yace esta incomprensible terquedad de buscar cómo ser mejor, no pierdo el anhelo porque amo con la tenacidad de no claudicar. La mente reserva un lugar desde el que un gigante nos empuja a ser consecuentes. Me parece asombroso mirar a quienes tienen una absoluta entrega en los asuntos más cotidianos. Por ejemplo, aprendí a ver a mi madre con perplejidad demostrando el amor que le tiene a la vida, su entrega me saca de una realidad y me lleva a otra. Mi esposa me enseñó que hay una historia de gloria futura donde el sueño de libertad se hace cierto. Ustedes me dan la fuerza para jamás detenerme, sin importar cuánto haya dado, lo seguiré haciendo porque tú, y quienes te acompañan en este movimiento, me han salvado a mí.

Esta sana terquedad que encuentro en el genuino intento de prosperar. Esa sana terquedad del corazón por amar la existencia y sus baches. Esa sana terquedad de mantenerme firme, estoico con la actitud inamovible en el dominio de las circunstancias, siendo sabio en la obediencia y en el cumplimiento de las reglas. Sigo, no como rebeldía, sino como revolución ante las dificultades, a la perseverancia encauzada que, sin duda, lleva un gran valor.

Yo no me sé rendir y mucho menos cuando en verdad estoy queriendo, y yo siempre estoy queriendo, insistiendo, proponiendo. ¿Estoy lleno de testarudez o de esperanza? La verdad es que no lo sé, pero sin importar la respuesta lo seguiré haciendo igual. Si la terquedad me abandona y me ruega que me detenga, amenazándome de que ya no podrá soportar una herida más, pues el corazón le habrá de explicar que solo tengo una vida y no tengo otra para volverlo a intentar.

En la fe residen nuestros sueños y qué mejor que perseguirlos con una obstinación inquebrantable.

Tú, inquebrantable, haz que las piedras tropiecen porque no queda otra alternativa que ser tercos cuando la opción es serlo, amanecer tras amanecer, empecinados a no renunciar por el estandarte de la victoria que no sabemos cuándo llegará, y que si no llega, seremos irreverentes como para ir a buscarla donde sea. Embestiremos sobre la victoria, porque no somos de los que esperan, sino de los que toman.

Inquebrantables hasta el final, podremos estar en pedazos por fuera, pero por dentro somos una sola pieza.

EJERCICIO:

MEDITACIÓN

Es delicioso afanarse en el diario construir de nuestros sueños, ladrillo a ladrillo. Además de ofrecernos la fortuna de enriquecernos de gente maravillosa, nos permite estirar las ideas más allá del extremo de lo que da nuestra fibra. También hay momentos en los que hace falta detenerse en una larga conversación interna; para lograrlo, no hay mejor espacio que la meditación. Cada vez es más común encontrar personas que meditan, y hay menos resistencia a su práctica.

Aún hay quienes miran la meditación con escepticismo, como algo ajeno a nuestra realidad. Si esto es nuevo para ti y tienes dudas, te invito a borrar esa idea de que la meditación tiene que ver con prácticas esotéricas ni relación con un confuso misticismo. No digo esto para convencerte, solo para que te atrevas a mirarlo desde una nueva perspectiva.

Te sorprenderías de cuántas investigaciones y documentos académicos avalan su seriedad. Es incluso una historia inspiradora que inicia cuando Jon Kabat-Zinn, catedrático de la Universidad de Massachusetts, se aventuró a publicar sobre el tema en 1985. El mundo científico recibió con gran impacto, un artículo que pocos médicos de ese nivel se hubiesen atrevido a presentar en ese momento, sin temor a afectar su reputación. Las ideas han cambiado, y Kabat-Zinn acabó convertido en una especie de celebridad.

Te preguntarás por qué te cuento todo esto. La razón es que al final del libro encontrarás meditaciones para que puedas leerlas y practicar con ellas. Si prefieres escucharlas mientras meditas; búscalas en https://danielhabif.com/tusmeditaciones

Si nunca has meditado, esta es una excelente oportunidad para comenzar.

1) Busca un lugar en donde puedas hacerlo sin interrupciones. Puedes sentarte en el suelo con las piernas cruzadas, como suele verse en las películas, o con el cuerpo recto en una silla, que es como yo prefiero hacerlo. Evita un exceso de comodidad, como sofás profundos, porque sería más probable que te sorprenda el sueño, aunque si lo haces, no hay motivo de preocupación, igual recibirás los beneficios de la meditación.

2) Cierra los ojos y cuenta hasta diez. Sostén unos segundos el aire en la parte baja de tus pulmones. Cuenta nuevamente hasta diez, pero esta vez exhalando el aire.

3) Vas a abrir los ojos, pero muy lentamente. Ahora vuelve a cerrarlos, poco a poco y vamos a repetir esto dos veces más.

4) A la tercera vez que cierres los ojos, no los vas a volver a abrir. Sin pedírselo, comenzarás a sentir que tu mente lucha por calmarse, vendrán a ti muchas imágenes, especialmente si nunca has meditado. No luches con ellas, déjalas fluir, pero no dejes que te enganchen, como cuando tienes el

televisor encendido y pasas por el frente sin enterarte de lo que están transmitiendo.

5) Asegúrate de que tu mente está relajada, que no estás apretando los dientes. Tu cabeza no debe estar hundida entre tu cuello, la distancia entre tus hombros y tus orejas debe ser la normal.

6) Siente cada parte de tu cuerpo: los hombros que te pesan, los brazos, las manos. Conéctate con cada uno de tus dedos y así haz el recorrido hasta los pies. Durante este proceso, deja que tu respiración entone un sonido que te arrope.

7) Imagínate en un lugar en el que sientas paz: una playa, el jardín de tu infancia, el campo, etc. Si sientes que te dispersas vuelve al sonido de tu respiración.

8) En este momento puedes quedarte en silencio y concentrarte en las sensaciones que hay en ti, puedes analizar el contenido de las meditaciones que te iré compartiendo durante el libro o escuchar los audios que encontrarás en https://danielhabif.com/tusmeditaciones.

9) Cuando hayas terminado de analizar los textos que pusiste en tu mente o escuchas, comienza nuevamente a hacer el recorrido de reconocimiento de tu cuerpo. Comienza con los pies y sube hasta tus hombros.

10) Abre los ojos.

No dejemos este primer encuentro con la meditación en pura teoría. Hagamos un ejercicio. Considero que no hay mejor opción que un ejercicio diseñado para el flujo del miedo. Seguirás los pasos que te he explicado hasta que llegas al punto 7, donde te imaginas en un lugar en el cual sientas paz. Sigues con los siguientes pasos:

a) Piensa en tu miedo. Piensa y mira las cosas que trae a ti. Detente a ver cómo es tu futuro en el peor escenario posible, poniendo el foco en los cambios que tu cuerpo experimenta al imaginarlo.

b) Ahora quiero que me escuches y que en estas palabras se disuelvan las imágenes que están llegando a ti y las sensaciones que estas producen en tu cuerpo: «Huir es adaptativo, aprendimos a hacerlo durante siglos. Solo ves una ilusión, una posibilidad distorsionada. La mente se protege, lleva sus pensamientos al peor de los escenarios, para que esperes lo peor. No puedo crear cuando mi cuerpo me programa para correr. No puedo avanzar cuando me dispongo a huir». No tienes que decir las palabras exactas, pero comprende bien lo que quieren decir y reflexiona sobre ellas.

c) Transforma esa realidad, bombardéala con otra distinta. Intervén y cámbiala. Mira que sales ileso, ilesa. Abre la empresa, sepárate de quien te hace daño, envía tus poemas a un concurso, múdate de la ciudad, lo que sea. Y haz que esas imágenes se transformen en tu mente.

d) Con esa visión, haz el recorrido inverso: desde tus piernas, subiendo hasta tus hombros. Vuelve a tu rostro. Hazte consciente de tu respiración.

e) Abre los ojos.

Si eres creyente y tienes la fe activa, puedes incluir a Dios en la meditación porque Él cabe en todos los aspectos de la vida; donde lo hagas presente te irá bien. Si no eres creyente o si tu relación con Dios es distinta a la mía, no es necesario que sigas los pasos que te indicaré a continuación; solo aprovecharé para decirte que te estás perdiendo la mejor vista de tu vida.

Bajo mi convicción espiritual, he encontrado en la Biblia la exhortación profunda a la meditación; ella nos invita a pensar profundamente acerca de lo que Dios quiere que escuchemos. Un buen ejemplo es el Salmos 119:1: «Dichosos los que van por caminos perfectos, los que andan conformes a la ley del Señor». No quiero que te enfoques en lo externo del salmo (cómo está escrito, el contexto, la forma), sino en lo que este produce en ti, en la lectura íntima que tu alma atesora.

Otros pasajes bíblicos ideales para iniciar en la meditación son Josué 1:8; Salmos 63:6; 77:12; 104:34; 119:15-16, 148; 143:5; 145:5, y Filipenses 4:8. Si lees con fe, encontrarás lo que necesitas sin que yo te diga dónde buscarlo.

Una meditación no va a cambiar por completo tus miedos, pero su práctica constante y disciplinada, te llevará a un disfrute. Ahora, si bien es cierto que una sesión no te va a cambiar la vida, también lo es que habrá meditaciones maravillosas en las que tu ánimo se eleve. Hazlo siguiendo este consejo:

No te concentres en la luz del faro, sino en tu esencia que la observa.

NO PRESUMAS SOBRE CÚANTO TIENES DE DIOS,

DIME CUÁNTO

TIENE ÉL DE TI.

PARTE 2

Arquitectura del miedo

Las voces, decía yo con voz de barítono, no anotan nada, las voces ni siquiera escuchan. Las voces solo hablan.
—Roberto Bolaño, *Amuleto*

C omenzaremos la ofensiva sobre el miedo visitando lo más íntimo de él: su biología. Conocer cómo opera en nuestro cuerpo te ayudará a comprender cómo funcionan los ejercicios que veremos al final de este segmento.

Cuando decidí conocerlo, porque su sombra penetraba en mi sangre con la intención de congelarla, no acudí a las interpretaciones que de él me daban los filósofos o los poetas, quise conocerlo en su apariencia más cruda, por lo que lo busqué en libros de neurología. Esa decisión fue la más acertada, porque su naturaleza me reveló ciertos secretos sobre cómo opera, me fue más fácil comprender las reacciones de mi cuerpo y de mi psiquis, e incluso encontré la clave para contrarrestarlas. Aquella decisión fue acertada porque se me hizo más sencillo verlo por dentro; diseccionarlo me mostró por qué me hacía sentir temor.

Entre más te conoces, menos miedo te tienes.

Procederemos a explorar su arquitectura biológica. Al terminar este segmento no solo sabrás más sobre cómo actúa tu organismo y tu mente en situaciones de estrés, sino que también podrás iniciar los procesos que ayudan a identificar cuándo el miedo activa sus engranajes.

Hoy le tememos a muchas circunstancias inexistentes, preocupaciones de las que los primeros humanos nunca tuvieron noticia; aunque solo existan en nuestra mente, respondemos de forma similar a como lo hacían nuestros antepasados ante amenazas concretas. El cerebro está procesando miles de funciones al mismo tiempo, manejando la función de los órganos, haciéndonos respirar y pestañear, interpretando lo que recibe de los sentidos —algo que afortunadamente hacemos de forma automática— y ensamblando millones de conexiones eléctricas, pero si en medio de esa infinidad de tareas se detecta la posibilidad de un peligro, el estado de alerta pasará a ocupar la prioridad de sus funciones y reservará la mayor cantidad de energía al ejecutarlas.

Sonará una alarma en la amígdala, su centro primitivo. Su función principal consiste en integrar las emociones para obtener las respuestas fisiológicas correspondientes, lo que es fundamental a la hora de asimilar las amenazas que perciben los sentidos. Allí se procesa la información sensorial y se le da un significado. Me gusta verla como una especie de cofre en el que guardamos la memoria emocional.

La amígdala es tan eficiente, en lo que tiene que ver con el miedo, que activa funciones defensivas específicas que son un atajo a los procesos regulares que van del sentido al reconocimiento. Es decir, que si vemos a una tarántula caer a nuestro lado, la amígdala nos pone a correr incluso antes de que la reconozcamos. Para que lo veas con mayor claridad, solo recuerda tus reacciones cuando alguien te asusta.

Dejemos esto hasta aquí por el momento, ya que necesitaríamos un curso completo solo para comprender de manera superficial las tareas que desempeña esta estructura tan compleja. Cerca de la amígdala hallamos la región conocida como locus cerúleo, que muchas veces es ignorada en las escuelas, pero que tiene un rol importante como modulador del sistema nervioso y juega un papel importante en las reacciones de nuestro cuerpo en casos de pánico. Dentro de este centro de comando, la amígdala se apoya en el tálamo, que es una especie de nodo en el que convergen las imágenes y los sonidos que esta envía a la corteza para ser interpretados. También se enlaza con el hipocampo, que es una región ubicada en el lóbulo temporal, y que tiene una estrecha relación con el almacenamiento de la memoria. Es comprensible que los recuerdos jueguen un papel primario en las reacciones que devolvemos ante un susto. A las respuestas del miedo contribuyen el neocórtex y el hipotálamo, cuya función podemos simplificar diciendo que es un puente entre el sistema nervioso y el endocrino, es decir, el de las hormonas.

De todas las cosas que le gustan a mi esposa, ¿por qué carajos su favorita será asustarme?

Cuando ocurre un estímulo, como un gruñido o el olor a quemado, la amígdala activa una respuesta a través del hipotálamo y la hipófisis, que es como un tablero de control de la mecánica hormonal. De esta forma, los estímulos visuales y auditivos van directo al tálamo, que corre a informarle a la amígdala y a la corteza cerebral para que esta identifique de qué se trata; como hemos dicho, el sistema del miedo puede hacernos reaccionar antes de que incluso reconozcamos por completo el agente que nos pone en peligro.

Aunque la configuración es para una reacción veloz y eficiente, el miedo puede paralizarnos o ponernos a temblar. Esta arquitectura se soporta en una serie de pilares que alcanzan el sistema extrapiramidal, que tiene que ver con el movimiento. Esto es algo que no te debe sorprender.

Sé que llevas varias páginas leyendo sobre esto, pero lo que a mí me ha tomado tantos párrafos, aunque lo he simplificado al exceso, el cerebro lo hace en fracciones de segundo, antes incluso de que sepamos que tenemos miedo. Cuando me lancé a estudiar estos fenómenos, que aquí expongo de la forma más sencilla posible, comenzaron a aparecer respuestas a muchas de las reacciones que me causaban. Estoy intentando comprimir en una píldora algo que me llevó años comprender y que la ciencia lleva más de un siglo estudiando.

El sistema nervioso no está solo en esta lucha por la supervivencia, le acompaña el sistema endocrino con su ejército de hormonas. En situaciones de tensión las glándulas suprarrenales son unas de las primeras en sumarse a la batalla. Estas son unas pequeñas pero laboriosas glándulas que anidan sobre los riñones: supra, de arriba; renales, de riñón.

Sus hormonas se activan cuando la alarma de una amenaza suena, se dispara una andanada de cortisol y adrenalina, dos de las hormonas que produce; estas elevan la presión sanguínea, incrementan la disponibilidad de azúcar en la sangre y suprimen el sistema inmunitario.

Te preguntarás por qué las suprarrenales liberan hormonas que nos hacen daño cuando lo adecuado es que tengamos claridad. En realidad, este choque es justo lo que necesitamos. El efecto es tremendo, pero necesario. Imagina que escapas en coche de las faldas de un volcán en erupción: pisas el acelerador a tope, lo cual no es bueno para la máquina porque la forzarías al máximo, pero esos no son momentos para ser gentiles con el coche, lo importante es alejarnos de la lava que fluye hacia nosotros. Forzaremos el motor hasta que estemos fuera de peligro. Nuestro cuerpo está haciendo exactamente lo mismo, nos lleva al extremo para sacarnos de un apuro. Somos una máquina perfecta y brutalmente sofisticada.

Con el cortisol se segregan grandes cantidades de adrenalina —en algunos textos la llamarán *epinefrina*—; *estas hormonas juntas nos alistan* para reaccionar ante las amenazas. La adrenalina nos prepara para correr o pelear, si fuese necesario. Sé que has escuchado muchas veces expresiones como «Llénate de adrenalina», o «Lleva tu adrenalina al máximo», y puede que lo asocies con algo positivo, pero esto no es necesariamente cierto si somos sometidos a esta hormona por tiempo prolongado. Por más que insistan los publicistas o los guionistas de Netflix, no todos los «subidones» de adrenalina son agradables.

No soy dueño de mis dones, solo están bajo mi custodia.

❁

Es importante tomar en cuenta que cuando el cortisol se produce en exceso, el organismo entra en un estado catabólico, nombre que no puedes olvidar porque proviene de la raíz griega «kata» (κατα), que significa descenso, lo que describe a la perfección lo que el cuerpo experimenta. Si lo dudas, piensa en que la raíz de esta palabra la encontrarás en «catástrofe», «catacumbas» o «cataclismo». Nada alentador.

Pero no te asustes, a pesar del nombre, es bueno que suceda, porque estos procesos son necesarios para obtener y sintetizar la energía, degradando estructuras complejas en otras más simples. Si vivimos con miedo y sabemos que su bioquímica es catabólica tenemos una idea general de lo que nos estamos haciendo, y más adelante veremos lo que es capaz de hacerle a la mente.

El miedo pisa al máximo nuestro acelerador hormonal para sacarnos del volcán en llamas, lo cual es perfecto si queremos vivir; no obstante, si estamos en constante estado de tensión, forzar la máquina de esta manera destruirá el motor que nos mueve.

En condiciones normales, podemos mover las piernas para caminar o los labios para silbar; estos movimientos son totalmente voluntarios. Sin embargo, el albedrío no participa en todas las funciones de nuestro cuerpo; varias de las más importantes se producen sin nosotros intervenir, como la digestión o los latidos del corazón. Para realizarlas, contamos con el sistema nervioso autónomo que se ocupa de estos movimientos tan necesarios para vivir.

Uno de los modos en que funciona lo conocemos como simpático, que es el que toma el control del cuerpo en momentos de gran tensión. Este es relevado por el parasimpático, bajo cuyo dominio se restaura el equilibrio después de que el otro se ha apagado.

> **Sin duda, la disciplina te lleva a lugares que la motivación no puede.**

Durante los choques de miedo, el llamado sistema simpático toma el control y nos pone a funcionar en «modo supervivencia», consumiendo todos los recursos disponibles. Superado este estado, se activa el parasimpático, y solo entonces se produce un restablecimiento del organismo. Para que te hagas una idea, alguien bajo el dominio del sistema simpático está como un país en guerra. En tiempos de paz, el consumo de recursos es racional: los presupuestos son aprobados y las cosas se hacen lentas pero en armonía porque se busca el mayor beneficio para la población —al menos debería ser así—; en guerra, no, la victoria sería primero, y no importa el precio que haya que pagar, si hay que tomar una ciudad se hace al costo que sea, y los estragos de estas maniobras se pagan en tiempos de paz.

Es por esta razón que vivimos en constante estado de tensión, sufrimos en carne y pensamiento, como un país que lleva varios años de conflictos bélicos. Ahora, lo que me interesa es que te hagas una idea de lo que sucede cuando se encienden las alarmas internas ante un peligro real o imaginado.

Durante momentos de gran tensión, se alteran esos movimientos involuntarios de los que hablamos antes; sin embargo, hay algunos que sí podemos intervenir, como parpadear. Uno de estos es de extrema importancia para nosotros, y muy útil a la hora de controlar el miedo: la respiración.

Puede que esto te suene a demasiada teoría junta, pero pronto veremos la conexión que tiene con la forma en la que podemos controlar el miedo. Para comprender por qué se ocasionan estas reacciones forzando el motor. Repasemos qué ocurre cuando estamos frente a una amenaza: nuestra amígdala recibe el estímulo y envía señales a otras zonas del cerebro que activan el sistema nervioso y las hormonas, principalmente cortisol y adrenalina, esto hace que el sistema simpático tome el control.

Perdemos parte de nuestra capacidad de pensamiento racional. Se dilatan las pupilas, lo que igualmente es producto de la descarga hormonal, la misma causa por la cual palidecemos y volvemos a enrojecer, lo que es causado por el efecto de la adrenalina en los vasos sanguíneos.

Los músculos se preparan para realizar grandes esfuerzos; en algunos casos podemos padecer contracción muscular cuando estamos tensos o ansiosos y sentir temblores en las extremidades. La glucosa aumenta precisamente porque requerimos una inyección de energía; la respiración se acelera, muchas veces más allá de lo recomendable, e hiperventilamos. Sucede lo mismo con el ritmo cardíaco y se eleva la tensión arterial porque esa es la orden que recibe del cortisol; de allí la expresión: «Me va a dar un infarto del susto».

Como hemos dicho, el sistema inmunitario pasa a segundo plano y el proceso digestivo se detiene. En efecto, disminuyen las enzimas del estómago. Lo que conlleva a malestares estomacales. Eventos intensos pueden incluso causar evacuaciones, vómitos o una imperiosa necesidad de orinar, efectos que han dado origen a decir que nos estamos «cagando de miedo».

No quiero ir al cerebro sin hacer una breve visita a los principales neurotransmisores. La serotonina se considera fundamental para el tratamiento de la depresión y de otros eventos asociados al estrés postraumático. Sus funciones son determinantes en la regulación de los estados de ánimo, aprendizaje y sueño; no en vano se la asocia con la «felicidad», y los principales fármacos antidepresivos buscan que haya más serotonina disponible. Su relación con el miedo es íntima porque varios medicamentos aplicados en las crisis de pánico actúan directamente sobre sus receptores.

Luego tenemos a la oxitocina, que tiene una gran importancia durante el alumbramiento y la lactancia. Una vez que se estudió en detalle, se descubrió su relevancia en los orgasmos, pero, por otro lado, hay ternura en esta «hormona del amor» porque es liberada cuando abrazamos a nuestros amigos o nos relacionamos con nuestros hijos. Cuando las personas son expuestas a la oxitocina, confían más en los otros y aumentan su nivel empático; si conectamos esto con lo que vimos en *Las trampas de la soledad,* concluimos que, mayor capacidad asociativa nos hace sentir más seguros ante los riesgos externos. Esta hormona es un ansiolítico, lo que nos ayudaría a mejorar la respuesta que damos a eventos que nos pongan en riesgo; al mismo tiempo, modula la conducta agresiva.

La dopamina, última de la trilogía, está vinculada con la búsqueda y las percepciones de placer y la gratificación, por lo que nos la encontraremos nuevamente cuando hablemos de las adicciones y del amor. La dopamina en sí misma es tan adictiva como la heroína. Adicionalmente, da un golpe de entusiasmo y ayuda a mantener el foco, atributos valiosos a la hora de combatir un temor. Más dopamina, más placer y una recuperación más rápida tras el estímulo que te ha producido temor.

Sabemos que vale la pena vivir cuando encontramos algo por lo que vale la pena morir.

❀

Así culminamos esta brevísima visita de los neurotransmisores y su relación real o potencial con el miedo. La biología nos ofrece las herramientas para sobrevivir a los peligros que nos esperan en el día a día. La perfección de nuestra maquinaria es una demostración de cuánto eres capaz de lograr si te enfocas en lo que deseas.

El avance de la ciencia ha supuesto grandes beneficios para la humanidad, y cuando convertimos el conocimiento en acción escalamos la razón de su existencia y nos asombramos más del milagro de la creación, no porque nos sorprenda, sino porque comprobamos su divina perfección.

Ahora que sabemos dónde se origina el miedo, pongámoslo a trabajar a nuestro favor.

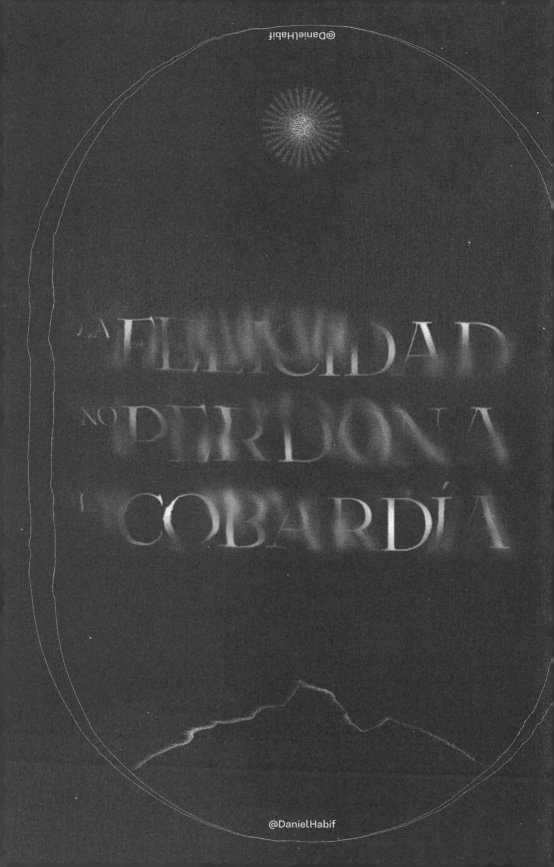

LA FELICIDAD
NO PERDONA
LA COBARDÍA

Capítulo 6

Las trampas del dolor

El miedo opera como nos han hecho creer las caricaturas que caza la cobra: hipnotiza a las presas con su mirada, las emborracha hasta hacerlas caer en sus redes.

¿Cuál es nuestra cobra? Mareados de placeres instantáneos, mirando por todas partes, confundidos, ciegos y a gatas, a merced de los colmillos de nuestro devorador. Nos convertimos en espirales; el dolor acecha pero pospone el ataque, persigue con ansias para luego despreciar lo cautivo. No se nutre con nuestra carne, sino con el gozo de vernos detenidos. Estamos hipnotizados por los artilugios del miedo, de la baja autoestima y del rencor, y con ello contagiamos a otros. ¿Pero cómo romper el hechizo? Creo que hay varias formas, pero una de ellas es una absoluta pausa para mirar hacia adentro y gritarle al corazón y al alma en medio del mareo: «¡Esto es una trampa!».

La trampa del dolor es pensar que no hay salida. Hemos aprendido a creer que el suplicio acontece por algo, que estamos atados a él porque no hay alternativa. Aunque solo sea un mito esa historia de que las serpientes tienen un dominio sobre la mente de animales indefensos, nuestra conducta frente al sufrimiento es muy similar, nos comportamos como pequeños roedores que no tienen a dónde escapar y a los que no les queda más opción que esperar la dentellada final.

La verdad no cambia ni deja de existir porque no quieras escucharla o saberla.

❖

Llega un momento en que nos acostumbramos al dolor, lo hacemos nuestra morada. Dedicamos el tiempo a lamentar lo firmes que son las barras que nos enjaulan, y nos quedamos encerrados sin comprobar si han pasado la llave. Por años hemos visto animales enjaulados en zoológicos o en circos, algunos de estos son enormes; cuesta entender por qué no están en una constante búsqueda de su libertad. Pero lo mismo me pregunto de nosotros, ¿por qué, si somos los más listos del planeta, nos sometemos a condiciones que nos hacen sentir oprimidos? ¿Por qué nos quedamos atrapados?

Esta no es la única vez que nuestro comportamiento se parece al de otras especies. Hace casi medio siglo, Martin Seligman propuso una famosa teoría que vale la pena visitar

REC

Le dije al del espejo:
«¡Suéltame ya!, necio».

cuando analizamos nuestra relación con el dolor. Todo nació de un estudio realizado con perros.

El procedimiento que siguieron fue que tomaron dos grupos de perros a los que separaron en una primera fase de experimentación. Los del primer grupo fueron introducidos en una cámara que desprendía descargas eléctricas sobre ellos, eran unos quemantes corrientazos. Pero había un elemento importante: los investigadores habían dispuesto un mecanismo que detenía las descargas cuando los perros lo movían. En resumen, los perros estaban en la cámara, sentían los pinchazos, pero estos se apagaban con la activación de la palanca. Los investigadores se aseguraron de que los perros aprendieran a apagar las electrocuciones, y estos no los hicieron esperar demasiado.

Luego vino el turno del segundo grupo de perros, a los que metieron en la misma cámara y recibieron el mismo tratamiento con descargas eléctricas. En esta oportunidad había una diferencia: los pobres animalitos no tenían una forma de apagar los corrientazos; hicieran lo que hicieran, se quedaban allí soportando las descargas.

Tras hacer esto, los miembros de los dos grupos fueron sometidos a un nuevo examen. Los perros de ambos grupos fueron puestos en un cubículo donde recibían similares descargas eléctricas, solo que en esta oportunidad todos podían escapar con cierta facilidad. Lo que sucedió fue contundente: los perros del primer grupo, los que habían aprendido a apagar el mecanismo anterior, huyeron de inmediato, pero la mayoría de los del segundo se quedaron recibiendo los corrientazos sin intentar escapar.

Los que habían aprendido a detener las descargas, escaparon sin dudar. La mayor parte de los que en la primera fase no hallaron forma de salvarse de los corrientazos, hicieran lo que hicieran, se quedaron recibiendo las descargas de la segunda fase; estos habían perdido la iniciativa y se rindieron al dolor.

Los humanos nos comportamos igual, algunas veces aprendemos a tolerar las penas porque desconocemos los recursos que tenemos para acabar con estas. Los perros que habían tenido la opción de liberarse confiaron en que podían escapar, porque sabían que existían opciones, pero los que no tuvieron la palanca para apagar las descargas en la fase anterior habían perdido la iniciativa de salvarse; se rindieron ante su situación. Los animales que no tenían a mano la salida al sistema habían «aprendido» que esa era la condición que le producía dolor. Seligman llamó a este fenómeno *indefensión aprendida*.[1] Este principio explica la pasividad que muestran ciertos animales ante sus captores.

Sal de ti dando un portazo.

❖

La psicología no tardó en llevar estas reacciones a una comparación con la conducta humana. La indefensión aprendida es una herramienta que nosotros mismos desarrollamos para que las condiciones nos opriman. Consiste principalmente en creer que no hay salida de las situaciones que nos hacen padecer.

Sé que has sufrido en el pasado, y no solo una vez, pero no debes acostumbrarte, cada día se abre una oportunidad para escapar; tu mente es el mecanismo con el que detienes los corrientazos que han dispuesto el desamor, las rupturas, la muerte o el abandono. El dolor solo quiere amaestrarte, hacerte creer que, hagas lo que hagas, todo continuará igual. Ya lo has escuchado por mucho tiempo y por eso crees que es verdad.

No pudiste escapar en otras oportunidades, pero esta vez lo harás. Tú tienes la palanca que desactiva las descargas, está en tu mente y en tu fe. Sé que ya te has dado cuenta de que esto tiene relación con la idea de control que vimos algunos capítulos atrás. Recuerda que hay quienes esperan a que otros los rescaten de su tormento. Mira dentro de ti porque allí está lo que necesitas para romper la indefensión.

Un lado de la moneda con la que conseguimos salir de la sensación de desamparo está en la tenencia de control. Piensa en uno de esos momentos en los que hayas sentido que todo está condicionado para abrumarte más. Hasta en los casos más complejos, tenemos la posibilidad de cambiar la vibración. Busca en tu vocabulario, que es el reflejo de tu pensamiento; revisa las perspectivas que dibujaste sobre los más agrios conflictos. Si es necesario, deja la lectura unos minutos y concéntrate en eso.

Cuando se formuló la teoría de la indefensión, se volvieron a analizar ciertas conductas desde esta perspectiva. Al hacer eso, se llegó a la comprensión de otro concepto que debes conocer para saber cómo opera tu psiquis, tiene que ver precisamente con esa explicación para la que te detuviste por unos segundos. Un análisis más profundo de nuestra tendencia a la indefensión llevó a comprender que la forma en la que explicamos los fracasos endereza un poco nuestra relación con el dolor.

El otro lado de la moneda son los atributos que asignamos a la situación. Cuando nos vemos incapaces de modificar el entorno, asumimos una visión que exterioriza las soluciones, pero interioriza las causas, la peor de las combinaciones. Si asumo el sufrimiento como algo que nace en mí porque lo creo y al mismo tiempo soy incapaz de identificar acciones para cambiarlo, me hundo más en él y voy acumulando culpa.

Los investigadores proponen tres dimensiones que debemos fijar en la manera cómo nos enfrentamos con el fracaso. La primera es si lo vemos como que está dentro de nosotros; pero cuidado, esto no es algo que debas confundir con el control, sino con la visión de responsabilidad. Podemos decir que tendemos a *personalizar* lo que sucede, lo que nos lleva a culpabilizarnos por todo, con lo que hacemos que sea aún más duro el tránsito por las consecuencias. Tengo que insistir con esto para que quede claro, porque saber que las cosas cambian gracias a tus acciones es una actitud positiva, pero hundirte en la sensación continua de lo que hiciste mal no lo es.

Sin hechos, tus palabras son mentiras.

Además, muchas veces enfrentamos el sufrimiento como algo permanente; no lo vemos como un simple tropiezo, sino que lo adoptamos como una condición duradera. Esto sucede porque hemos decidido creer que ese dolor forma parte de la realidad que nos rodea, y que no la entenderemos sin él. Este aspecto nos lleva a la última perspectiva que aumenta la sensación de malestar, y que consiste en creer que «todo» te sale mal, como que los tropiezos formaran parte de una situación global en la que todo nos sale mal.

Es por eso que debemos identificar estos tres aspectos en nuestra relación con los pesares; los personalizamos, los hacemos nuestros y nos hieren. Por esta razón los creemos permanentes y no sentimos que la situación cambiará en el corto plazo; los expandimos y exportamos nuestros pesares de la dimensión de la que pertenecen para que invadan cada espacio de nuestra vida.

Rompamos un momento con el *mindset* negativo para ver cómo reaccionaría una persona que ve su entorno, aunque tenga elementos de dolor y pena, de una forma optimista: no se culpabiliza, porque sabe que una caída no ha de repetirse necesariamente en el futuro; no permite que una gotera empantane todos sus espacios vitales.

Las respuestas están, una vez más, en el lenguaje: «Soy imbécil», «No voy a salir de esta situación», «Todo me sale mal»; son una sentencia ejemplo para cada una de estas tóxicas formas de pensamiento. Cuídate si te reflejas en estos tres espejos, pero también cuídate cuando estas creencias echan raíces en las personas que te rodean, y no lo dudes, están allí porque estas son modelos mentales más comunes de lo que pudieras pensar; está en tu familia, en tu equipo de trabajo o en la persona con la que compartes tus días.

Enfréntate por un momento a una situación que te haya causado desazón, mejor si la estás padeciendo actualmente.

Analiza para cada caso las respuestas a las tres preguntas que determinan la forma cómo lo explicas.

¿Personalizas la situación y generas culpa?

¿Sientes que es una situación permanente o un tropiezo puntual?

¿Crees que el problema afecta muchas áreas?

Pondré un ejemplo para comprenderlo mejor, pero lo ideal es que puedas aplicar la situación a tu caso particular. Supón que hubo un problema en el trabajo que causa un conflicto y la pérdida de clientes. Tú apareces en el medio de la crisis porque liderabas el proyecto.

EN EL MANEJO DE LA CULPA:

Optimista: «Cometí errores, pero la situación se complicó por una serie de factores».

Pesimista: «Yo no sirvo para esto», «Toda la culpa es mía», «Tendré que cargar siempre con esta pérdida que tuvo la empresa».

EN LA ESTABILIDAD:

Optimista: «Este ha sido un duro aprendizaje para que nunca vuelva a suceder algo igual».

Pesimista: «Cada vez que me enfrento a un cliente importante, hago algo mal».

EN LA EXTENSIÓN:

Optimista: «Ese cliente era particularmente difícil».

Pesimista: «Esto me pasa porque todo me sale mal».

Una vez que decodifiques cómo ha sido tu pensamiento —has sido como los perros que escapan del dolor o que se quedan recibiéndolo—, adapta estas preguntas a los problemas que han sido críticos en tu vida, y ellos te dirán cómo has decidido comprender tu dolor. Que hayas tenido una visión negativa no implica que siempre será así, la forma en la que piensas puede cambiar si así lo decides. Hay dos pasos que pueden ayudarte: refutar y recomponer. Refutar implica combatir las ideas pesimistas, es enarbolar una frase que refute la que usas para asumir una culpa o extender el problema. Recomponer es dar un paso más, es agregar un elemento de valor. Un ejemplo al ejercicio anterior sería:

Pesimista: «Esto me pasa porque todo me sale mal».

Refutar: «Pero el cliente B quedó muy satisfecho con el proyecto que hice», «He logrado un gran avance en el desarrollo de mis empleados» (romper la idea de generalización).

> **Recomponer**: «Soy bastante eficiente en el control de presupuesto, así que, no me puedo derrumbar por que este proyecto haya salido mal» (reforzar atributos).

Lamentablemente, a muchos les quedan solo vestigios de aquellos sueños que un día tuvieron. En algún momento se perdieron por sendas oscuras, y ya no logran recordar cómo se siente una alegría; habría que remover mucho dolor para encontrarla.

Te pregunto: ¿qué puedes hacer para convertir tu presente deformado por el miedo en un futuro milagroso? ¿Cuál es tu verdadero potencial? ¿Qué puedes hacer para excitar al héroe que vive dentro de ti?

Nada está perdido. En cualquier etapa podemos tener la absoluta oportunidad de hacernos cargo de todo lo que nos sucede. Claro que vamos a necesitar cinco pisos de valentía y de determinación, pero imposible no es. Tendremos que acallar las voces que nos dicen que no podremos. Necesitas usar las promesas que Dios te ha dado, porque no claudican aunque te hayas dejado vencer; aun así, te siguen esperando.

Cuando se ama, el dolor nunca será insuperable.

Es tiempo de tomar responsabilidad por las decisiones. Es tiempo de que dejes de drenar tus sueños. Es tiempo de vestir ese traje que compraste para un momento especial, pero nunca usaste; te lo vas a poner, porque no existe ocasión más propicia que la de lanzarte a la batalla de recuperar tu esperanza; te vestirás de luz, de pasión y entrega: de la cabeza a los pies.

Quiebra la burbuja del dolor, vacíate por completo de la bilis quemante de la culpa. Los problemas que han surgido por tus actos no deben contaminarte las ganas. Si decides yacer luego de una simple caída, terminarás ahogándote a la primera llovizna. Manda el dolor al carajo y encárgate de la acción, deja de hacer turismo en las heridas, deja de cargar tu dolor en procesión.

No dejes que tus errores definan otro de tus días. Recupera la confianza, poco a poco. Deja a un lado la desilusión que te ha provocado el mundo. Pide los perdones que tengas que pedir, zurce las heridas que te queman la piel, acepta el agravio que hayas causado y pide una segunda oportunidad aunque creas que no la mereces. Haz que tus hechos sean los que aboguen por ti en esta nueva oportunidad. Será difícil, por momentos pensarás que no vale la pena intentarlo y pensarás que la fama que te antecede te impedirá borrarlo, pero con valentía puedes eclipsar los errores cometidos y el dolor que estos endosan.

Somos muy creativos para sabotear nuestra paz.

✦

¿Te vas a rendir luego de lo que te ha costado llegar aquí? Da ese salto atómico, redescúbrete entre las telarañas y los juicios, entre las críticas y los abandonos. Funde todos los talentos y dones que estaban en reposo, practica hasta que puedas dominarlos y enfocarlos de forma virtuosa con la maestría que ya tienes.

No tardes, las buenas noticias te esperan, la gracia ya va contigo, el poder no te faltará ni la visión se te nublará. Sé que dudas de tu capacidad, pero sé que sientes que tu fuego eleva la temperatura. En ti hay un volcán a punto de explotar, es el poder del impulso, es la ola que necesitabas para salir de esa isla desierta y tomar de una vez por todas la posición del capitán.

TÚ, ÁMAME,

PROMETO
NO INTERRUMPIRTE.

@DanielHabif

Capítulo 7

Las trampas de la infidelidad

Parece que en el mundo en el que vivimos la fidelidad y el amor están descontinuados. El engaño se ha convertido en una insignia de los tiempos, en una demostración de orgullo. Por algún motivo la deslealtad se ha convertido en vanagloria, alimenta la comedia, lo que antes llenaba las vergüenzas. Tenemos hombres que se creen más varones por su falta de hombría; mujeres que se ven complejas e interesantes solo por ser más elementales y fáciles.

Los infieles son unos miedosos, necesitan un escape para levantar su pobre autoestima. Mentir sobre lo que haces, con quién hablas o dónde estabas es comenzar la infidelidad.

Esta se enciende con el disimulo y los actos furtivos, con la palabra callada y la mirada esquiva. Donde la verdad está ausente, solo hay que esperar que el reloj haga su trabajo para que la realidad te aplaste.

La infidelidad es el miedo a enfrentar una realidad dolorosa, a no tener que decir que el amor ya no existe. El problema de este miedo es que lleva consigo un remolino de dolor que va arrastrando a los seres que más amas, pero también lo hará con quien te acompaña en el engaño.

La infidelidad es cobardía, que es la peor reacción que podemos tener ante el miedo. Te desprecia tanto que tu valor no da para pagar el precio de mirar de frente a los ojos, ni de soltar la moneda de la sinceridad.

Como siempre, tenemos excusas para nuestras culpas, justificamos con la avispada curiosidad que no tenemos para resolver nuestros problemas prioritarios, que «solo será una vez», que «de allí no pasará». Buena parte de los infieles se defienden diciendo que lo hacen porque su pareja no comprende sus necesidades sexuales, lo que, además de ser una excusa barata, resulta una bajeza, porque achacan su responsabilidad a la persona a la que hieren, desaguan al otro en el sumidero de sus incompetencias. Si realmente esta fuese una razón, tendrían que atenderla con quien hacen el amor, ¿no?

Qué bonita es la gente que no tiene tiempo para andar jodiendo a nadie.

La infidelidad arrastra a las personas que están a nuestro alrededor; sin comprenderlo, depositamos nuestras miserias

ME GUSTA AMARTE EN **VOZ** ALTA.

@DanielHabif

en sus mares tranquilos y llevamos con nosotros la tormenta. Engañar es una acción contagiosa, crea tras de nosotros a una legión de encubridores, protectores y cómplices.

Hace algún tiempo, mientras hacía una conferencia en la que habíamos elevado enormemente la motivación y abordamos con arrebato el tema de la verdad, pedí a los participantes que sacaran de adentro de sí mismos alguna molestia que les incomodara. Casi de inmediato, una de las participantes rompió en llanto, con un impulso que le impidió pedir la palabra, se puso de pie y nos dijo: «Estoy harta de guardar el secreto de la infidelidad de mi mejor amiga. La amo, pero no puedo seguir tolerando esta mentira; siento que me asfixia cuando estoy en su casa con su esposo y sus hijos». Ya más calmada nos comentó, luego de la conexión que habíamos logrado en el lugar, cuán hipócrita se sentía por ese motivo. Además, su amistad se había ido fracturando, porque era como si la hubiese puesto a guardar el botín de un atraco que en cualquier momento descubrirían en sus manos. Había asumido las mentiras, era la cortina en la coartada.

Lo que habíamos aprendido la llevó a convencerse de que era el momento de ponerle un punto final. Había resuelto recomendarle que dijera la verdad y se separara. No podía tomar decisiones en una relación ajena, pero sí podía poner límites en la suya, y no iba a volver a colaborar con eso. «Su esposo es también mi amigo, y no puedo seguir deshonrando la confianza que deposita en mí, y que tantas veces he pisoteado. No seguiré en esta posición que me tiene encadenada, no puedo festejar lo que en realidad me apena», nos dijo y se sentó.

Nos quedamos en un hondo silencio que se interrumpió con una frase que retumbó en nosotros: «Yo soy infiel». Lo había dicho un participante de esos que van a las conferencias y no ponen de sí, incrédulo y suspicaz; se había levantado, y no se dirigía a mí, sino a la mujer que acababa de hablar. «Escucharte me ha hecho recapacitar. Ahora veo cuán egoísta he sido y lo lamentable de mi actuar». Antes de continuar, pregunté si alguien quería sumar su opinión. Una mujer confesó que ella sabía que su marido le era infiel, y que lo había permitido porque no sabía cómo enfrentar una separación, ¿qué le diría a sus padres y a sus amigos?, ¿cómo lo explicaría a sus hijos?; pero afirmó que las cosas cambiarían ese mismo día, que lo confrontaría con firmeza y sabiduría.

Esa tarde hubo varias historias más. En llanto liberador muchos confesaron el horror de la infidelidad que ellos, sus parejas, padres o amigos habían cometido. Está más cerca de nosotros de lo que imaginamos y muchas veces somos colaboradores y testigos. Yo recordé cuando me fueron infieles en los negocios y fui traicionado de forma cruel y violenta; de repente, el dolor frente a mí removió emociones que había metido debajo de los escombros del pasado.

Hay quienes parten de la vida y a otros se nos parte la vida.

El despertar de la sensatez remueve dolores a la redonda, es como un pan recién hecho cuyo olor despierta el regocijo del barrio. Los que no hablaron estaban atónitos, otros lloraron en silencio. No pude dejar de pensar durante el resto del curso en cómo la historia de alguien impactó de forma tan brutal a tantos. Espero que hoy pueda hacerlo contigo.

Si deseo transformar una situación, la pongo en las manos del amor y veo cómo se transfigura aquello que no tenía valor en algo hermosamente preciado. De mis cosas preferidas, mis heridas; de ellas aprendía que puestas en las manos del Artesano, el dolor se convierte en gloria.

No quisiera que la veas solo desde una perspectiva sexual, no debe ser así. El problema tiene mucho más que ver con las almas que con los cuerpos, es la ruptura de un pacto que has hecho. Aquí se fundamenta la importancia de expresar con claridad, de decirle a las personas que amamos cómo nos sentimos y qué deseamos del otro. Una de las consecuencias puede ser que se abra un espacio al entendimiento desde el amor y desde la fe, lo más probable es que sanes tu relación. Pero si luego de hacer todo lo posible por buscar una solución a los problemas, manteniendo la fidelidad, y no lo logras; igual habrá valido la pena: no habrás recuperado tu matrimonio, pero no habrás perdido tu integridad.

Tú eres la única persona que puede detener las posibilidades de caer. Hace muchos años, la psicóloga Shirley Glass se dedicó al estudio de la infidelidad. Uno de sus hallazgos fue que hay un grupo importante de hombres y mujeres que cayeron en la infidelidad al encontrarse en situaciones que no estuvieron buscando. Las condiciones se armaron a su alrededor sin que ellos se dieran cuenta. No quisiera que sientas que esto es una manera de justificarlo. Lo que quiero enfatizar es que debemos estar alerta y tomar acciones rápidas y precisas cuando las señales se presenten.

Es bueno que analicemos cuáles son los factores que nos pueden inclinar a este tipo de situaciones. La infidelidad comienza, por lo general, con una atracción emocional, son relaciones que se establecen a través de un vínculo, no sexual, pero que incluye una serie de conexiones que van abriendo lazos afectivos. Esto es fácil de identificar porque sucede cuando empiezas a compartir más detalles que los que tienes con tu pareja. Por ejemplo, recibes una promoción en el trabajo y tomas el teléfono para decírselo a esa persona con la que no tienes nada, pero a tu pareja se lo dices al llegar a casa, si es que te acuerdas. Debes identificar a quién te nace decirle de inmediato lo que es importante para ti, sea bueno o malo.

Otro síntoma relevante es que la conversación tenga mucho contenido de reproches, que confieses las insatisfacciones que tienes con tu pareja, peor si no las has hablado con esta.

> **Qué creativa es la gente cuando se trata de encontrar formas de ser infeliz.**
>
> ❧

Como hemos mencionado, el lenguaje es una clave para identificar cuándo estamos cediendo a un impulso que pudiéramos estar teniendo, incluso sin darnos cuenta. ¿Has dicho, aunque sea de manera inocente: «No nos amamos como antes», «Ya no sentimos lo mismo»? Si has caído en estas frases, debes tener cuidado.

Haz una evaluación sincera de los elementos que acabamos de mencionar. Obviamente, de nada servirá si no tomas acción una vez que los identifiques. Ninguna de estas alertas tiene un peso sexual, porque eso implicaría haber llegado a otro nivel. La idea es abordar el asunto en las fases tempranas.

Comencemos por lo que hemos visto anteriormente:

1) Espontaneidad de la comunicación

¿Hay una persona a la que le cuentes los eventos especiales de tu vida antes que a tu pareja?

¿Existe diferencia en la intensidad, detalles y emociones que sientes al contarlo?

¿Alguna vez has ocultado algún evento relevante a tu pareja que sí has compartido con alguien que no sea de tu entorno cercano?

2) Apreciación del trato

¿Dedicas tiempo a comparar cómo tu pareja se relaciona contigo a cómo lo hace un conocido?

¿Has fantaseado sobre cómo otra persona actuaría en ciertas ocasiones cotidianas?

¿Sientes que esta persona se preocuparía más de ti que tu pareja?

3) Expresión del descontento

¿Has manifestado descontentos a una persona sobre cómo te llevas con tu pareja?

¿Has hablado de insatisfacciones afectivas o sexuales?

¿Has manifestado que estás en una crisis o que la relación no funciona como antes?

4) Justificación

¿Has justificado que tu relación no funcione por un hecho externo, como «Nos casamos porque yo estaba embarazada»?

¿Utilizas frases que expresan separación como «Somos muy diferentes», «Vivimos en distintos mundos» para explicar algunos conflictos?

¿Extiendes la culpa a tu pareja por asuntos comunes que jamás se hayan discutido entre ustedes? Esto es como decir: «Es que él nunca me va a escuchar», «Es que si le digo eso, se lo va a tomar a mal», pero no es más que una suposición.

Si luego de una revisión escrupulosa le das un sí a al menos una de esas preguntas en más de un aspecto, pero no has tocado ese tema con tu pareja, saca la señal de peligro; puede que te estés acercando, sin buscarlo, a un punto de atracción emocional que ganaría condiciones para irse complicando.

Rechazar el adulterio no me convierte en un retrógrado, precisamente quiero lo contrario: la igualdad y la valoración mutua son alcances del progreso. No comprendo qué valor genera estar con una persona que no sea tu pareja. Es algo que puedes hacer con mayor facilidad si no tuvieras nadie a tu lado. En estos tiempos de *haters* y adalides virtuales se ha vuelto a levantar la idea de que la monogamia debe ser superada, acuden al argumento del instinto animal en busca de apoyo: los animales esparciendo su semilla. Es decir, que la posición moderna es volver a lo que fuimos hace millones de años.

Puede que este argumento suene simplista, pero no hay que pensar mucho para comprender que la mentira no lleva a nada bueno. Nunca saldrá nada bueno de ella. Ni cien mujeres hincharán tu autoestima, ni cien hombres aumentarán tu valía; si quieres crecer, concéntrate cien veces en la misma persona. Proverbios corta este asunto por el centro cuando dice que el infiel «Pero al que comete adulterio le faltan sesos; el que así actúa se destruye a sí mismo. No sacará más que golpes y vergüenzas, y no podrá borrar su oprobio».[1]

¿Será que no te atreves a decirle a tu pareja que no te satisface porque quizás te respondan lo mismo?

La infidelidad está en todas partes, puede inmiscuirse entre las parejas más firmes. La mejor forma de impedirla es tener a Dios siempre contigo. Un día me tocó recorrer centenares de kilómetros para ir al rescate de un amigo, de un pastor querido; él descuidó la Palabra y terminó traicionando a su esposa, a sus hijos, a su comunidad y a su legado.

Fui a verlo, y lo hice, pero yo aún no había partido cuando mi corazón ya lo había condenado. Luego del largo viaje llegué con la sensación de que él merecía lo que le estaba sucediendo, me senté con él y lo escuché: había desatendido la oración, después el gozo y la presencia de Dios, más tarde dejó que en su pecho entrara la desolación. Cayó en la trampa de la duda, de la pasión instantánea, se condujo a la inmoralidad que sale de las pantallas y con un clic marcó su abandono al ministerio.

Sentí como que el Espíritu me dijo: «¿Viajas para censurarlo? ¿Has venido a cargar sobre él, o a ofrecerle sosiego?

¿No fuiste tú también perdonado?». Recordé todo lo que me había enseñado, sus sermones llenos de comprensión y dicha, sus consejos sobre la santidad y la firmeza, todos los mensajes en los que ensalzaba la misericordia. Le di consuelo, y en mi abrazo escuché que dijo: «No he podido dormir, ni comer, realmente no sé por qué sigo aquí».

Su dolor me hizo reafirmar que no perderé mi pasión ni el sentido misionero. Revisaré diariamente la dirección y el entendimiento de la situación. No importa dónde me encuentre, cualquier lugar será plataforma para llevar la palabra. Modelaré diariamente una actitud firme y positiva hacia la adversidad. Me forjaré un carácter inquebrantable y una entrega incorruptible. No me permitiré vivir ni uno solo de mis días andando fuera del cauce que me haga fluir a la voluntad de Dios.

Asume las consecuencias, ten el coraje para hacerte responsable si te mandan al carajo; y si la amas o lo amas, recuperarla, recuperarlo, arma una estrategia, ten paciencia y cura la herida si te es posible y si no lo logras tendrás que aceptar las consecuencias.

Y de repente me di cuenta de que si querías estar yo no te lo tenía que pedir.

❧

Cuando te atreves a decir la verdad, mira, es justo ahí en donde sí está la posibilidad de la reconciliación y el perdón. Existe la opción de crecer y de fortalecerte en el amor de Dios, y Él mete Su mano en la ecuación y recupera la confianza que rompiste, pero si tú decides esconder tu vergüenza vas a ser doblemente avergonzado.

Sal ya del sendero que te lleva al precipicio de la infidelidad. Este es un asunto que solo puedes resolver con quien compartes tu vida. Paga el precio de la honestidad. No es fácil hacerlo, pero pasará; de lo contrario, con el tiempo se complicará más. Puedes esconder las cosas un día o dos, pero emergerá, tarde o temprano, y lo hará para hundirte en la falsedad.

A los que se han intoxicado de gente vacía y a los que la infidelidad les ha rajado la espalda les digo que Dios tiene la cura. Aceptar nuestros errores nos hace vulnerables, pero al mismo tiempo nos hace sabios. Todo va a estar bien, porque dirás la verdad y, aunque se enojen y te dejen, eso es lo correcto.

Es preferible vivir en una verdad punzante que en una falsa paz.

TE AMÉ, PERO NO SUPE TENERTE.

Capítulo 8

Las trampas de la infelicidad

L a infelicidad te envuelve en la red del miedo, te convence de que escapar puede ser mucho peor. Hay personas que se enamoran de su tristeza y del dolor que produce una relación de conflictos y tormentos.

¿Te quedarías a vivir en una gruta porque sientes que la oscuridad puede protegerte? Pues algunas veces nos sentimos así, y terminamos quedándonos presos dentro de nosotros mismos.

Con frecuencia escucho ataques a la idea de huir, como si lo sabio y honroso fuera siempre quedarse atascado en los problemas. No toda despedida es un escape; a veces quedarnos es precisamente evadir la luz. Permanecemos en lo oscuro, junto a la fiera, para no fisurar, para no romper, para no encarar, para no tener que reinventar o reconstruir nada. Quedarse en donde no hay tregua es una cobarde huida de la libertad que está en el primer paso que das cuando te dices: «Nunca más». No puedes desear la libertad y, al mismo tiempo, amar tus cadenas.

Hay mil formas de volar sin incendiar el nido. Es mejor irse en calma y dejar a los que solo saben vivir en una interminable contienda. Irte no debe ser una derrota, puede ser la victoria de no derramar más sangre que la que brotará de un «pudo haber sido». No lo fue, no lo es, pero lo intenté; guardaré mis vestigios hasta la siguiente batalla en la que encontraré con quién hacer la paz y no la guerra, en un nuevo hogar.

Dejar ir puede ser un espeluznante salto al vacío. A mitad de la caída escucharás que te gritan: «¡Egoísta!», «¡Insensible!», sin saber cuánto has sufrido. Te criticarán por dejar a alguien, como si esa persona fuese tuya. Salta, a pesar de los gritos, si es lo que tu alma necesita.

Cuando dejas ir también se va lo que soñabas, lo mucho que te emocionaba ver a esa persona y te despides de quién serías a su lado, pero, algunas veces, chocas con la contundencia de saber que quedarse es abrazar a la infelicidad. Más allá de planear una vida ideal, damos el paso porque es algo genuino, una firme intención de poner juntos los ladrillos. Sí, duele demasiado derrumbar lo construido.

Puede que nos duela la ingenuidad o que se nos hayan derramado las expectativas que emplazamos en otros. Amamos como si nunca se fueran a ir, y eso está bien,

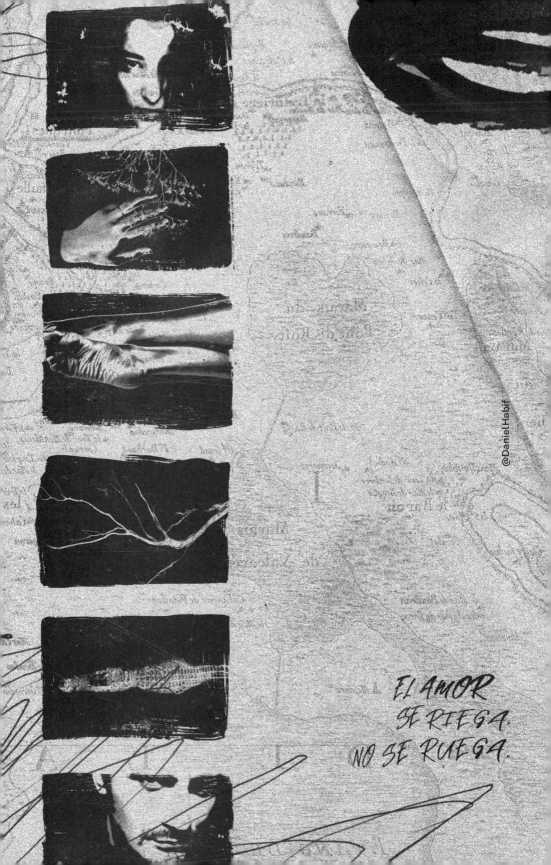

EL AMOR
SE RIEGA.
NO SE RUEGA.

@DanielHabif

porque amar es una apuesta que hacemos antes de recibir las barajas y, además, nos lo jugamos todo o nada, o al menos así amamos los inquebrantables, no nos vamos hasta que nos hayamos dado por completo y tengan que sacarnos en trozos.

Ese dolor que nace del desamor te embellece, porque sonreirás como quien enfila los dientes después de un nocaut para mostrarle a la vida que podrán borrarte del mapa, pero jamás podrán borrarte la sonrisa, porque aprendemos a amarnos en la tragedia y en la victoria, porque conocemos las dos caras de la moneda cuando, por fin, el amor deja de buscar su única conveniencia.

Lo que separa el ego, que lo unan la humildad y el perdón.

Pero seguimos sin resolver cuándo dejar ir a alguien. Existen un centenar de factores que pudieran definir esta respuesta, y para cada una hay un millar de criterios, pero quisiera concentrarme en dos maneras. Ambas pasan por responder honestamente si en realidad amas a tu pareja. Si se mantiene un amor sincero —sin los tumultos que causan el furor y el apasionamiento—, entonces puedes asumir que existe una fuerza inagotable que puede incitar formas valientes y creativas de superar cualquier reto. Por otro lado, si no hay amor, ¿para qué continuar?

La segunda posibilidad recorre la ruta de asegurar si el cariño y la estima siguen activos. Respóndete: «¿Está siendo pisoteada mi dignidad o solamente está siendo golpeado mi ego y mi egoísmo?». Esta respuesta determinará si debes o no terminar tu relación. Aquí deseo hacer una pausa para no dejar dudas de que hay una excepción que no se puede tolerar: la violencia personal. La agresión debe ser denunciada de forma contundente. No puedes permitir el maltrato, porque los golpes que recibes se hinchan aún más en la sumisión. La violencia a la mujer es un cáncer que debemos erradicar con implacable determinación.

Una vez que hayas definido si debes hacerlo, hay que responder al cuándo. Este momento debe ser regido por la sabiduría y por la paz integral de tu ser. Nuevamente, si nos topamos con asuntos de violencia, las acciones deben ser inmediatas. Será difícil emocionalmente, pero no te puedes quedar en el horror. Luego del cuándo, viene el cómo, que debe moldearse con la autoestima y la seguridad. Esto es importante porque la gente se conoce más por cómo se va que por cómo llegó. Hay que irse con dominio propio, retroceder con serenidad y dejar ir con generosidad: sin herir, sin denigrar, sin revancha.

Separarse será duro y complejo, no lo dudes; pero de todo este proceso, lo más difícil es despedirte del pedazo de ti que se queda con esa persona, porque es como pisar un andamio frágil a cientos de metros de altura. De las heridas del corazón nos pueden hacer ramos enteros así que también tienes que soltar a quienes solo pueden entregarte sobras del pasado si lo que quieres es conocer la abundancia del futuro.

Hay dolores que te sanan, que te vacunan de algún modo. Benditos esos dolores que nos mantienen de rodillas, esos que empujan a la gratitud al recordarnos de qué estamos hechos.

Quedarse destroza, desgarra por dentro, y no encontrarás arreglo junto a los que te rompieron. Ámate tanto como quisiste que otros te amaran. Acércate a Dios, que es experto en recomponer lo roto: mente, alma, corazones, sueños. Él es el gran Restaurador, el Alfarero, el que sigue moldeándote hasta el final. Deja ir si es necesario, pero no te abandones.

Una de las razones por las que aceptamos permanecer en la infelicidad es que el miedo intenta convencernos de que movernos es peor; nos hace creer que afuera nos esperan situaciones de desasosiego, pero son realidades que no existen, tragedias que inventamos para justificar nuestra residencia permanente en las sombras, a pesar de que nos hieran.

Existen flores que solo esparcen sus semillas al ser aplastadas.

Este recurso que usa nuestro cerebro se llama exageración; es una artimaña con la que la mente crea escenarios catastróficos, y con ellos convencernos de quedarnos en el confort del dolor. Para evitar la acción, el sistema nos lleva a tener visiones fatalistas y desproporcionadas de las consecuencias de movernos.

La exageración está en nuestros pensamientos, pero allí se oculta con facilidad, por eso recomiendo buscarla más bien en el lenguaje, donde es más fácil de encontrar. Las palabras que empleas al visualizar los problemas son fundamentales, porque ellas reflejan una realidad sobre lo que te sucede. Identifícalas, porque servirán de evidencia si el miedo te está engañando. Estas son palabras que pueden aparecer en tus patrones de lenguaje cuando está camuflajeada en tu mente:

Nunca	Siempre	Terrible
Todo	Desastre	Absoluto
Seguro	Nada	Jamás
Nadie	Fracaso	Ruina

Hagamos un ejercicio para que puedas enfrentarte a este fenómeno.

Supongamos que hay una chica que quiere separarse de un marido que la golpea. Ella dejó su trabajo porque él la acosaba; la forzó a depender económicamente de él.

No aguanta más, necesita dar el salto a la libertad, pero su mente crea escenarios que la llevan a paralizarse de miedo. No actúa, porque siente que moverse le causará daño. Esas imágenes horrendas le impiden moverse, y se mantiene al lado de su maltratador.

Su mente le susurra:

- **Nunca** lo voy a lograr.
- **No seré capaz** de resolver.
- **Seguro** que me quedo sola.

Es un proceso muy complicado, pero a cada exageración hay que responderle con contundencia:

Exageración	Tu respuesta
Nunca lo voy a lograr	*Sé que será difícil emocionalmente, pero es algo que tengo que hacer por mí, para estar mejor.*
No podré resolver	*Personas menos educadas que yo y con menos posibilidades tienen trabajos estables e incluso han ascendido y progresado. Yo también podré.*
Seguro que me quedo sola	*Quizás me quede sola, pero eso es preferible a que me maltraten y abusen de mí. Sola podré dormir en paz, bañarme sin temor a que alguien irrumpa y me maltrate.*

Ahora quisiera que respondas en este ejercicio siguiendo el ejemplo anterior. Te dejo unas frases del ejemplo hipotético, pero si ya has identificado exageraciones en tus manifestaciones del miedo, usa mejor esas frases para responderte.

Exageración	Tu respuesta
Toda mi familia me dará la espalda	
Nadie me va a ayudar	
Mi vida será un **desastre**	
Siempre me pasan cosas malas	
Estar sola será **terrible**	

Hecho aquí como un ejercicio complejo, en la vida real es aún más difícil, pero con disciplina puedes mandar a despedir de tu vida a la infelicidad. Sea cual sea el caso, siempre es recomendable buscar ayuda profesional.

El divorcio apareció el día que te casaste. Fue a tu boda vestido de gala, y luego se instaló en el sofá de tu casa, donde te espera todos los días, a la hora de la cena, de lo más cómodo, con los pies montados sobre la mesa y un vaso de licor apoyado en la panza.

Algunas veces no lo escuchas porque habla en susurros, pero en otras se pone a gritar, porque la desconsideración, el egoísmo, la agresividad y el desinterés alborotan su algarabía.

El divorcio es paciente, va llenando con microfensas una bolsa que va ocupando espacios en el trastero del alma, lista para desbordarse con todo lo que tiene adentro.

Se comporta como una computadora vieja, que nos hace más lentos hasta que nos extraviamos. Comenzamos a buscar soluciones fáciles, limpiezas superficiales. Perdemos el orden y no sabemos dónde hemos guardado lo importante. Navegamos sin filtros y dejamos que se cuelen virus y espías. Llega un momento en que hay tanto desorden que le ponemos claves, comprimimos memorias, pero nos empeñamos en guardar documentos inútiles, reduciendo los espacios: guardamos carpetas dentro de otras con nombres extraños, en las que amontonamos archivos inservibles, fotos, recuerdos borrosos, cuentas en rojo, historiales de búsqueda vergonzosos. Llega el momento en que nos provoca borrar su contenido y restaurarla, o simplemente apagarla y comprar un equipo nuevo. Así andamos, creyendo que las relaciones son *souvenirs*, productos desechables salidos de un laboratorio de pruebas, se nos hace más sencillo tirar que componer. Nada es para siempre, pero lo que cuidas dura más.

El matrimonio es una joya de diario mantenimiento, y es tu responsabilidad cuidarlo. Nadie, sino tú, puede hacerse responsable de darle brillo. Un matrimonio que se ha golpeado en el alma necesita cirugía celestial; no hay enfermedad que no se pueda extirpar si hay amor, si se pone en las manos del Médico de médicos. Claro que da miedo entrar al quirófano para que nos abran el pecho, incluso si lo hacen para sacarnos de allí un nudo maligno. Cuando vivimos mucho tiempo con un dolor, terminamos sintiendo que es nuestro y aprendemos a vivir con él.

Hay quienes te tienen en sus manos solo para dejarte caer.

Que nos arranquen un tumor no es suficiente; luego necesitaríamos rehabilitación y cambios en los hábitos. Un matrimonio precisa de disposición y de paciencia, de entrega y de dosis masivas de amor, es reaprender a caminar con cuatro piernas en sintonía, a latir con dos corazones, es tener un solo sueño, con las mismas ganas siempre que así lo desees.

Algunas veces no queremos salvar un matrimonio porque creemos que hay mucho que hacer, y estamos tan cansados que preferimos claudicar, pero si Dios entra en tu hogar, el que no ha sido invitado se levanta y se va. Donde hay amor, hay valentía para superar, para mutar radicalmente y hacer todo nuevo.

Sé que hemos ofrecido más amor del que pueden cargar quienes lo han recibido, esos a quienes le hemos entregado la vida. Quizás nos hemos dado enteros a quienes están solo a medias, pero al amor no se ruega. Se riega, eso sí, y el dulce fruto lleva su cosecha. El amor no se vende, no tiene precio, no se compra, no participa en la bolsa. El amor se entrega sin espera, no es de nadie, somos en él.

El amor siempre reúne para entregar, cultiva y prodiga generosidad, te enseña agradecimiento por lo que tienes, sea mucho o poco; no deja que el egoísmo te domine, te empuja a desarrollar el hábito de dar. Por eso, la mejor forma de prolongar tu recorrido en

La serenidad es uno de los ingredientes indispensables de la felicidad.

la tierra es amando, sabiendo que pronto hay una muerte que nos encontrará en el amor, porque el que ama es sabio y tiene en cuenta la brevedad de esta vida. Quien decide amar a pesar de las derrotas ganará todas las batallas.

Quien busca amar incondicionalmente, intencionalmente vive engendrando el amor. Este no pregunta, no; se construye, se edifica, se genera, se fortifica. Quien ama no permite que las nimiedades le quiten las ganas de amar, porque debemos aprender a hacerlo a pesar de los errores. El amor nos ayuda a mirar con misericordia las equivocaciones, nos aleja de la condena de la vergüenza. Ama, hazlo con tanta intensidad que puedas vaciarte en otros, y si aún queda odio en ti, ama más, hasta que consumas tus espacios y no puedas odiar más.

Llénalo todo de amor, que es la antorcha de la existencia superior, la luz de la sabiduría que revela los enigmas, esos que tú y yo buscamos. El amor combate las tinieblas de la ignorancia, arregla el caos, eterniza lo efímero, es el soplo que vence la tempestad. El amor es un fuego que acaricia, es la bandera de un líder. El secreto es el amor y el amor es Dios, así que asume con diligencia el dominio de tus abandonos y el hartazgo de tus vacíos.

Recupera el poder de tu personalidad, de tu dignidad; no le entregues el control de tu amor a nadie, este debe ser un acto de firmeza, de creatividad, de poderío y, por lo tanto, de amor propio.

Necesitamos desesperadamente dosis masivas de amor en nuestras vidas; las necesitamos para convertirnos en individuos saludables, por eso hemos desarrollado la falsa idea de que nuestra necesidad de ser amados depende de las personas, y en eso nos equivocamos: el amor humano es finito, si lo quieres en cantidades ilimitadas tienes que acudir a Dios. Te darás cuenta de que nadie te ama más que Él; si logras comprender esto, se te abrirán las puertas eternas de la libertad, donde podrás soltar la dependencia de la aprobación ajena.

Si te pide espacio, regálale el mundo entero.

❀

Hallarás la tranquilidad y la paz completa al saber que hay alguien que te amó antes, mucho antes de que tú pudieras amar. Si amas a Dios encontrarás la fuente infinita del amor, piérdete allí y nunca volverás a sentir vacío. Amarás hasta a tus enemigos, y por ello nadie podrá contra ti, porque el amor es la respuesta a cualquier pregunta.

Llénate de amor por completo, inunda con él tu casa, tu familia, tu ciudad, tu país, todo lo que toques; imprégnalo y nunca vuelvas a rogar por una gota de amor.

CUANDO

SABES

CUÁNTO

VALES,

DEJAS

DE DAR

DESCUENTOS

@DanielHabif

Capítulo 9

Las trampas de las heridas

S é que has tenido heridas y que, aunque hiciste grandes esfuerzos para que la relación funcionara, en tu camino acumulas un fango que se empoza en las pisadas descuidadas que se hundieron en el delicado suelo de tu alma. Sé que el miedo intenta protegerte de dolores similares, pero recuerda que esta protección está basada en mentiras; ya has visto que tu cerebro pronosticará futuros amenazadores para mantenerte en una realidad inerte. Desconfías porque te has empeñado en atesorar tus heridas, en cuidar que se mantengan abiertas, crees que de esa forma evitarás que las caricias alcancen las profundidades que un día permitiste dañar.

Debes atreverte a salpicar sobre esos charcos que han causado el dolor. El miedo al amor es también a repetir los extravíos de unos padres que sufrieron, te atormentas con un pasado que no es tuyo y que has dejado que muerdan el núcleo de tus células.

Algunas veces, somos nosotros mismos quienes causamos esos pozos en los que nos hundimos para no amar, hundiendo en ellos la cabeza al creer que no merecemos ser amados. Gritos silenciosos que nos latiguean lo interno ensordecen cualquier llamado de oportunidad; proclaman que no podemos ser felices, que nadie nos debería querer, que no somos dignos del amor. El miedo nos dice eso para evitar que nos hieran, solo quiere que nos quedemos al borde de la vida porque sabe que en el centro nos pueden romper. No hay bravucón más agresivo y despiadado que el miedo que vive dentro de nosotros, nos inyecta ideas destructivas y nos amenaza con una paliza si le damos una oportunidad al amor. Llega el momento en que creemos tanto la historia que nos contamos, que suenan a mentiras las voces que nos dicen lo contrario. Convertimos en verdad lo que hemos inventado para engañarnos. Esos que fingen no tener corazón para evitar que se los rompan.

Aceptamos la historia de que «si amas, dolerá»; por ello, las relaciones no pasan de nivel y despertamos arropados bajo las frías sábanas de la indiferencia. Se convierte en

> **Solo un corazón roto como el de ella supo amar a un alma hecha pedazos, como la mía.**

verdad, porque se van acumulando incisivos rasguños en aquellos que pierden la apuesta de amar, solo que el premio que está en juego vale la pena, eso y mucho más. Es cierto que los peores momentos de nuestra vida han sido por la falta de un amor, pero no se puede negar en que los mejores estuvo su absoluta presencia.

Las trampas de la mente son tan crueles que hay quienes tienen miedo de iniciar una relación porque «Él es demasiado perfecto», «Ella es tal como la pedí». No quieren aproximarse a la persona porque no quieren encontrarle defectos, como si los romances fuesen de fantasía. Precisamente, creer en cuentos de hadas es una de las razones por las que salimos heridos; un día saltamos sobre un idilio con la absurda idea de que puede soportar nuestro peso sin que le demos ningún refuerzo. Queremos que las cosas sean perfectas, dichosas como las historias infantiles, pero no siempre cumplimos las tareas necesarias para que así sea; queremos escribir una novela rosa, pero buscamos la tinta en la mente, no en el espíritu.

Dicen que debemos anteponer el cerebro al corazón; esa es una de las ideas que solo tienen sentido en el distante territorio de los ensimismamientos intelectuales, pero que se perdería en la intrincada complejidad de la creación.

Lo que sucede es que confundimos amor con enamoramiento, que son dos cosas distintas; en la primera está Dios, en la segunda solo trucos del cerebro. Aunque suene poco romántico, enamorarse es un proceso humano con sus consecuencias físicas y emocionales que, aunque no se las comprende muy bien del todo, hace años que se las viene estudiando.

Lo que podemos convertir en una relación estable inicia con una atracción en la que normalmente pensamos que solo intervienen las hormonas sexuales, testosterona y estrógenos; sin embargo, el impacto químico va más allá del vientre, reacciones más complejas suceden dentro del cráneo. Estudios con resonadores han mostrado las señales que envía al cerebro al ver a la persona de la que estamos enamorados. Ciertas reacciones se producen en los ganglios basales, cuyas neuronas gozan especialmente de la presencia de dopamina, cuyas propiedades ya vimos cuando analizamos el miedo. Para que no tengas que volver a los primeros capítulos, te recuerdo que la dopamina nos hace sentir mejores y nos conduce al placer; su producción está ligada a otro compuesto que lleva el nombre de feniletilamina o FEA —ese nombre es una paradoja porque nos hace lucir mejores—. El cerebro de una persona enamorada está colmado de FEA, que es un precursor de la dopamina y que tiene dos efectos propios del embeleso romántico: es estimulante y antidepresivo, combinación que produce regocijo, ánimo y alegría.

Estos dos neurotransmisores no hacen esta tarea solos, hay variaciones, otros compuestos —unos que se elevan, otros que se reducen— que juegan su papel en propulsar la maquinaria de la atracción; me quiero detener en uno que ya hemos visto: la oxitocina. Sabemos que este compuesto dirige la orquesta de los orgasmos, pero también de otros placeres más delicados como el que se activa en las caricias y los abrazos

No éramos nada, y tú me hacías sentirlo todo.

❂

que compartimos con personas con las que no tenemos una conexión sexual, como amigos, padres e hijos. Esto último es particularmente importante porque este tipo de placeres compensa el agotamiento de los otros. La razón es que el cóctel biológico de las pasiones no dura para siempre. Si no tejemos los lazos de amor espiritual, las posibilidades de perdurar no son demasiadas, porque la sobreactivación de los estímulos, los periodos de atención exclusiva hacia la otra persona y la existencia de esa absurda alegría pasarán. Ya no saldrán de la cabeza, sino del pecho; es aquí en esta mezcla química en la que resbalan esos chistes en los que el cerebro pone orden sobre el corazón.

Hay parejas que cumplen medio siglo juntas y se tratan como el primer día, incluso luego de varias décadas compartiendo los sueños y despertares tienen una satisfactoria y regular vida sexual. Esto no lo logran con hormonas, con neuronas ni con químicos; simplemente pierden el miedo a saber que el amor se impone a la explosión pasional. Es normal que los picos se aplanen, y quien no lo entienda tiene buenos motivos para temerle al compromiso. Dios creó los lazos biológicos que nos unen, a nosotros nos corresponde amarrarlos. Si no pensamos en la persona con la misma intensidad es porque la configuración que incita su presencia ya no es igual, no debemos confundir con el amor.

Para perder el miedo debes saber que este se activa cuando se da un paso que va más allá. Enamorarse es fabuloso, pero es mucho más placentero amar. No debemos confundir ambas cosas. Es comprensible que en los primeros momentos haya ciertas travesuras que van perdiendo su efecto, pero son impuestas por la complicidad, es una fase superior a la deliciosa fechoría del amor.

Otras personas rehúyen del amor porque esperan lealtades incuestionables. Obviamente, esperamos fidelidad, pero esta no implica sumisión. Si solo tienes disposición a hacer tu vida con alguien que piense, quiera y disfrute como tú, llena tu casa de espejos para que no dejes de mirarte jamás.

Una manera de no temerle al amor es llegar a él con la idea de que habrá diferencias que tolerar. Mi esposa y yo cantamos en armonía, pero no al unísono. Se puede sentir lo mismo, pero no por ello pensar con uniformidad castrense. Nos enfocamos en afinar esfuerzos conjuntos y así tener un equipo eficaz. Nuestra relación se afianza en la Palabra, que nunca nos falla en aconsejarnos cómo resolver las dificultades y cómo encontrarnos en las distancias.

Las personas no están completas sin una pareja que las acompañe. La mujer complementa las muchas ineficiencias del hombre, y este compensa, de algún modo, las de ella. Aunque en los tiempos que vivimos suene como subversivo hablar de las bondades del matrimonio y que abogar por las uniones duraderas luzca extremista y radical, siento que existen áreas de nuestras vidas donde nos vemos incompetentes si no estamos en pareja. Cuando somos una sola carne nos edificamos mutuamente y creamos una mejor versión de cada uno, única y amplificada, poderosa, visionaria y que es capaz de hacer frente a cada dificultad si está amarrada a Dios.

> **Iba a escribir sobre ella, pero preferí escribir en ella.**

Las divisiones y las diferencias que existen en el matrimonio son parte de la armonía. Lo que no siempre sabemos es cómo ajustar las diferentes vibraciones hasta hacerlas afinar. Tampoco sabemos cómo ceder en las decisiones; algunas veces por el ánimo de ayudar, muchas otras por el ego, las personas intentan concentrar o ceder ciertas actividades consensuadas.

Cada uno de los miembros tiene más fortalezas o mejor disposición para asumir ciertas tareas. Por este motivo, establecer un mapa de virtudes se convierte en una herramienta útil para balancear el equilibrio de las funciones del hogar. Te presento una versión simplificada para que la puedas realizar sin mayores complejidades. Este mapa puede manejarse para enfrentar eventos externos, no actitudes. Por ejemplo, si la mujer tiene mayor interés en los temas financieros, debería ser ella quien lleve las riendas de ese asunto, pero lo mejor es acompañarlo de un mecanismo de aprendizaje para su compañero. Si ambos tienen problemas en ese sentido, es importante establecer un plan de acción.

La tarea es sencilla. Lo primero es definir la lista de elementos a evaluar que, insisto, es para asuntos externos, no para iniciar una competencia de quién es más celoso, romántico o cuidadoso, sino de quién debe tomar las responsabilidades y obligaciones en el hogar.

El mapa, que he simplificado en una matriz, permite hacer un plan de responsabilidades y tareas; definirás quién tiene más fortalezas y mejor disposición. El primer paso debería ser el listado de criterios que quieren manejar juntos, y luego irse cada uno por su lado para hacer las matrices por separado. Quizás sientas que la otra persona confía en tus destrezas para llevar los asuntos bancarios, pero su evaluación no es igual de afortunada. Así también, pueden evaluar las razones por las cuales resultan mejor o peor calificados de lo que esperaban.

Sus fortalezas		
Seguir y aprender	Eje de crecimiento
Aprendizaje conjunto	Liderar y enseñar

Mis fortalezas

Si alguno de los dos tiene claras fortalezas sobre el otro, estará en los cuadrantes *Seguir y aprender* (en caso de que sea tu pareja quien tiene las fortalezas) o *Liderar y enseñar* (en caso de que seas tú quien las tenga). Los títulos son tan claros que no requieren una explicación demasiado profunda.

El cuadrante *Aprendizaje conjunto* corresponde a algo donde ambos tienen limitaciones y baja disposición. En este caso es importante buscar un apoyo externo y establecer un plan de nivelación. En la medida en que la economía familiar lo permita, el apoyo externo es recomendable porque, además de enseñar, evita que surjan conflictos. En casa somos malos para estar pendientes de las facturas de los servicios, vivienda y otros. Hemos establecido un plan de trabajo para que sea más fluido y en el que ambos somos responsables, por lo que no hay culpables.

Para mí el cuadrante más importante es el superior derecho, *Eje de crecimiento,* donde están los criterios en los que ambos son habilidosos y tienen buena disposición. La razón es porque las parejas más fuertes son aquellas que tienen proyectos en conjunto. Cuando digo proyectos no me refiero exclusivamente a empresas, también pueden ser otras actividades de apoyo a la comunidad, estudio o artes que los lleven a un desarrollo conjunto de sus habilidades más preciadas.

Si aprovechas las actividades en *Eje de crecimiento* puedes crear condiciones para crecer juntos y en equipo; se robustecen las conexiones del pecho y se

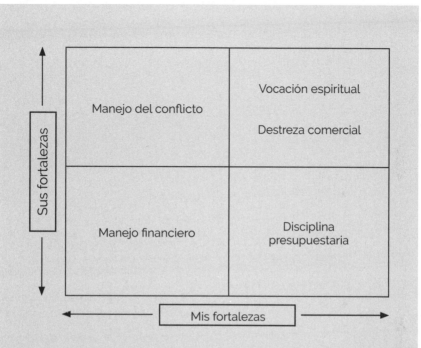

reactivan las del cerebro, lo que prolonga el interés y la sensualidad. No todas las parejas tienen criterios relevantes en este cuadrante, puede que haya muchos en *Liderar y enseñar.* Si este es el caso, la función de tu pareja es dejar volar. Si tu pareja no te empuja, no te motiva, no te ayuda, no te exige ser mejor, tienes que pensar varias veces de quién te vas a enamorar.

Que alguien quiera atarte se convierte en la mayor manifestación de toxicidad. Aunque no es motivo de este capítulo, sí quisiera cerrar los puntos que para mí definen una conducta tóxica:

- Se apoya en la violencia física o verbal.
- Exige que le acompañes en sus momentos de infelicidad.
- Vive comparándose y comparándote. Se siente filtro y juez de tus méritos y éxitos.
- Tiende al conflicto, incluso en los momentos destinados al placer.
- No soporta tu pasado, aunque no haya estado presente en él.
- Intenta alejarte de Dios o se burla de tus inclinaciones espirituales.

Aquí puedes ver cómo quedaría un ejemplo visto desde tu perspectiva:

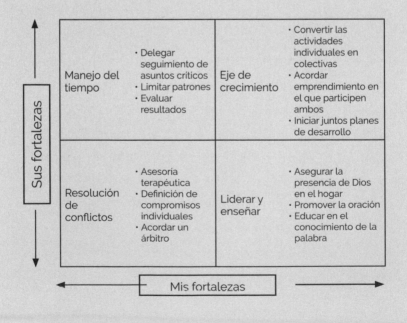

El enamoramiento, con sus fuegos de artificio, traduce en nuestro cuerpo una asonada sensorial. El amor, por otro lado, no es una emoción, no es un sentimiento, es una decisión de todos los días, un pacto eterno. Se hace urgente replantear las prioridades del éxito y encaminarnos, primero a obtener el éxito y el gozo en la casa, construir un hogar junto a nuestra pareja, junto a los nuestros, con humildad.

La convivencia construye un hogar cuando Dios encuentra morada permanente en ella. Doy fe de ello en las casi dos décadas de mi relación. Él nos ha salvado tantas veces que lo nuestro parece ser inmortal. En Sus cuentas encontramos la fórmula perfecta para que nuestro universo sume infinito.

El peso de las cargas de la vida no podemos ni debemos llevarlas nosotros solos, necesitamos a nuestro complemento, tenemos que comprender que el amor, la paz y la armonía en el matrimonio nos ayudan grandemente a llevar los pesos. La palabra de Dios guía a hombres y a mujeres a buscar a su cónyuge, no nos ordena comprendernos para amarnos, no nos llama a esperar que el otro cambie para amarlo; nos da el mandamiento de hacerlo.

Iniciamos una vida juntos, y todo cambia; la nueva realidad nos plantea un enorme desafío en cuanto a la forma en la que trabajamos, soñamos, amamos, nos dirigimos. Hemos aprendido que somos hilos conductores que generan redes, tramas, relaciones y nexos. Partimos de puntos distintos, coincidimos, nos alejamos y volvemos a encontrarnos.

Éramos de diferentes edades, pero nos amábamos como niños.

Esposa mía:

No te conocí, amor mío, te reconocí. Llevaba años soñando contigo. Qué más me da si los días te alejan de tu juventud; te admiro como un niño que se encandila con un cometa, viajo por nuestros momentos y no hay uno que no agradezca.

Eres tan perfecta para este imperfecto que soy, por eso te amo de adentro hacia afuera, y en la nada me quedo. Atesoro tus labios, tus cariños, cada abrazo que me hace recordar que estoy vivo y todas las caricias que son el porqué de estar vivo. Pudiera tenerlo todo, pero si no te tuviera para compartirlo, no tendría nada.

Eres el alba y la noche. Me gusta tu nombre, me gustan tus ojos, me gusta tu olor, me causan furor hasta tus episodios de enojo, y me pregunto qué chingadas hice yo para gustarte. Solo las travesuras de Dios pueden explicar por qué estás conmigo, ya que ángeles como tú no le tocan a mortales como yo.

Gracias por esta vida juntos, pero amémonos más, porque nos han dado una sola en este plano, y no se admite una segunda oportunidad. Podemos subir con una larga lista de pendientes, pero que jamás se nos reproche de que no dimos lo mejor en nuestra relación.

Nos dijeron que no podríamos vencer porque no fuimos deseados. Que no podríamos conseguir una vida extraordinaria. Muchos creyeron esa historia que nos contaron. Quisieron marcarnos con indiferencia y desprecio, pero estamos blindados de gracia. Ni el fuego, ni el hielo nos hacen daño. Nos trataron como nada, siendo creación del todo: somos hijos del amor.

¿Acaso no existe mayor incapacidad que la que nos impide amar y ayudar? Entonces, deducimos que quien ama tiene las mejores herramientas para cambiar al mundo y sus circunstancias. Hablo de la capacidad de amar sin omisión, sin condición. Amar a todos, a lo que nos rodea. El amor es el poder que no se termina. Te permite ampliar y profundizar en todas las demás habilidades y virtudes, te empuja a redescubrir tu capacidad de soñar, de perdonar, de ser tenaz, de no mentir, de valorar, de descubrir, de cambiar y de vivir sin límites.

Ama sinceramente, sin conveniencias y en tu presente. Aprendamos a amar, y los que están a nuestro alrededor encajarán en los ajustes para poderse articular. Dejaremos a un lado las diferencias. La mesa del amor es un lugar de encuentro, un espacio neutro donde tú y yo somos alumnos de la genuina afición.

Si eres capaz de amar sin límites, también lo eres de morir sin remordimientos, porque vivir sin amor es mentir. Los pensamientos más altos son los que llevan a él. En el centro de nuestro universo radica un descontento: la desgracia de la pérdida del amor sincero.

Amar es fuego que forja al ser. Cuando se ama, el dolor nunca será insuperable. Es la fuerza sobrenatural, el hilo que todo lo teje. Somos hijos del amor, aunque el odio asedie tras la murallas del reino terrenal.

Te conocí y por fin pude descansar de mí mismo.

AUNQUE YA 01

SÍGUELA
BUSCANDO.

03

LA TENGAS, 02

@DanielHabif

Capítulo 10

Las trampas de la rigidez

Luego de haber explorado elementos esenciales que nos permiten sobreponernos a las consecuencias nocivas del miedo, se hace necesario abordar el tema de las organizaciones porque están en nuestra cotidianidad.

Pierde sentido dedicar un libro a la comprensión del miedo y obviar la importancia de los ambientes de trabajo, en donde no solo pasamos la mayor parte del tiempo que estamos despiertos, allí se manifiestan buena parte de los miedos. Si conoces mi trabajo previo sabrás la importancia que le doy al desarrollo de la gerencia, un tema al que considero, junto a la educación, uno de los ejes que nos permitirán desclavar a América Latina de los horrores del atraso. Tendremos un continente más productivo cuando mandemos a la chingada a los jefes para darle la bienvenida a los líderes.

En lo que llevamos del libro, varias veces hemos hecho referencia al pensamiento positivo, no como ejercicio individual, sino desde su aproximación científica; he insistido en que no es un pegoste de creencias inocentes, sino un conjunto de estados mentales que nos predisponen al éxito. Estas ideas fueron creadas para explicar el comportamiento de las personas, pero aplican también a las empresas, con la ventaja de que al ser estas organizaciones sociales complejas se dan muchas interacciones, lo que permite determinar, relativamente rápido, cómo funcionan.

De esta forma me inclino por una visión en la que una empresa compuesta por gente virtuosa termina mostrando una cultura organizacional igualmente ejemplar. La aproximación que considero más adecuada es el llamado *Inventario de valores en acción* o VIA (por sus siglas en inglés), compuesta por Martin Seligman y Christopher Peterson.[1] Esta es una lista de atributos humanos divididos en seis diferentes fortalezas actitudinales, cognitivas y emocionales que tienen un impacto a la hora de cumplir las metas personales, pero que repercuten en los objetivos laborales.

Toda sabiduría sin compasión es incompleta.

Las empresas también tienen su pensamiento, y este nace de las personas. En el lenguaje cotidiano, la virtud hace referencia a las bondades humanas. Si te parece que el término «virtud»

A VECES

QUE MI REFLEJO.

ME CAE MEJOR

MI SOMBRA

no suena demasiado empresarial, puedes referirte a ellas como *Hábitos operativos buenos* (HOB).

La propuesta de los académicos es que las personas más felices y exitosas de un equipo de trabajo están abiertas a aprender y a desarrollar su potencial con esos conocimientos. La curiosidad es un valor, porque fomenta la creatividad, las buenas prácticas y la excelencia. La clasificación VIA nace del estudio de características valoradas en todas las culturas y entornos sociales. Esta recopilación debió implicar una dedicación admirable y de enorme complejidad metodológica. Se hace tentador escrutar este tema con detalle, pero aún nos queda mucho que conocer sobre las trampas del miedo, por lo que me permito entregarte un resumen.

En el cuadro que aparece en la siguiente página encontrarás las seis fortalezas y las virtudes que las constituyen; yo introduje una columna final con una breve explicación para que sea más sencillo comprenderlo.

Lo más fascinante de este cuadro es que no encontrarás las palabras rígidas con las que concebimos el éxito comercial, como rentabilidad, eficiencia, rigor o talento, sino atributos que un verdadero líder debe procurar, como perdón, honestidad, afecto y solidaridad.

Recuerda que el liderazgo no se limita a las personas que dirigen equipos de trabajo; los cambios se pueden empujar desde cualquier rectángulo del organigrama. El primer paso para avanzar en este sentido, tengas personas bajo tu dirección o no, es realizar una autoevaluación de los criterios de VIA, porque así establecerás un punto de partida del nivel de desarrollo individual. Te invito a hacer la prueba para

VIRTUDES			
	Justicia	Imparcialidad	*Que no haya prejuicios*
		Liderazgo	*Movilizar al grupo*
		Pertenencia	*Sentirse parte del equipo*
	Humanidad	Afecto	*Mostrar valor por los miembros*
		Inteligencia social	*Tener sensibilidad de lo que acontece*
		Solidaridad	*Ayudar sin esperar recompensa*
	Trascendencia	Apreciación	*Valorar lo logrado*
		Espiritualidad	*Apreciar lo divino*
		Esperanza	*Sentir que las cosas saldrán bien*
		Gratitud	*Expresar un agradecimiento genuino*
		Humor	*Generar buen clima*
	Coraje	Entusiasmo	*Sentir ánimo por hacer las cosas*
		Honestidad	*Hacer lo que se dice*
		Tesón	*Persistir en las tareas*
		Valentía	*Asumir los riesgos*
	Sabiduría	Creatividad	*Buscar la originalidad*
		Curiosidad	*Conocer lo inexplorado*
		Filosofía	*Apreciar el saber*
		Juicio	*Dar altura a las cosas*
		Perspectiva	*Buscar nuevas visiones*
	Moderación	Autorregulación	*Controlar los impulsos*
		Humildad	*Estar a la altura de los logros*
		Perdón	*Aceptar los errores*
		Prudencia	*Pensar lo que se hace*

que sepas cómo estás en estas virtudes. Si tienes disposición de hacerlo, la Universidad de Pensilvania ofrece una versión gratuita y en español, «Cuestionario VIA de fortalezas personales»[2].

Una vez que hagas tu evaluación y, de ser posible, las de tu equipo o compañeros de trabajo, me gustaría que te enfoques en cada HOB por separado. La experiencia en mis relaciones con los gerentes me ha enseñado lo conveniente de iniciar el enfoque con el recuadro de *Sabiduría,* porque esta virtud estimula, de forma rápida, conductas que facilitan la introducción de las otras. El motivo no es difícil de adivinar: esta dimensión hace prosperar ambientes en los que se fomenta el aprendizaje. ¿Recuerdas lo que acabamos de ver sobre *mentalidad de crecimiento?* Precisamente te invito a inspirar a tus compañeros con este tipo de actitudes, que tu entorno laboral funcione con un adecuado modelo mental.

El recuadro de *Sabiduría* está compuesto por creatividad, curiosidad, filosofía, juicio y perspectiva, todas condiciones necesarias para aceptar nuevas formas de pensar. Cuando el promedio de los miembros de equipo tiene un buen desarrollo de estos elementos se incrementan los deseos de logro, mejora la confianza interna y se agudiza el foco por conseguir las metas establecidas por la gerencia.

Extrañamente nos parecemos mucho a todo eso que ignoramos.

✦

Las firmas más exitosas de estos tiempos se destacan por lo mucho que facilitan los procesos de aprendizaje, no solo los que organizan los equipos de entrenamiento o recursos humanos, sino los que surgen de forma espontánea. Así como vimos en el capítulo anterior, un ambiente de búsqueda abre espacio para la tolerancia y un mejor ambiente de trabajo. ¿Te reirías de un niño que se cae cuando está aprendiendo a caminar? ¿Te burlarías de alguien que sintió miedo en su primer viaje en bicicleta? No, lo normal en estos casos es que haya respaldo y apreciación, que en ningún caso implica ser condescendiente o tolerar la mediocridad. Un líder que promueve la innovación entrega a su gente seguridad en sus acciones, aumenta el flujo de ideas y una mejor perspectiva ante situaciones adversas.

Lo contrario es una cultura rígida y negada al aprendizaje, que resultaría equivalente a la mentalidad fija. Cuando esto sucede, impera la comodidad destructiva; cuando un contratiempo ocurre, la primera respuesta es la búsqueda de culpa, porque la reafirmación es el aspecto más importante, de forma que encontrar un culpable es la protección que toda mentalidad fija espera. Como podrás suponer, en estos casos, los errores se esconden, se disimulan o se atribuyen a las decisiones de otros, lo que en nada contribuye a un ambiente sano. ¿Cuál de estas dos culturas sientes que domina en nuestros países?

La difusión de pensamientos motivadores catapulta el crecimiento de los negocios. Se aprovecha la felicidad, el entusiasmo, la inspiración para el éxito de la vida privada y profesional. Crecen en su nivel de competencia, se consolidan los liderazgos y se esparce un catalizador de nuevos liderazgos. En una empresa donde hay suficientes colaboradores motivados, se aprende a combinar de forma más armónica los propósitos laborales con los individuales, lo que reduce los conflictos entre la vida privada con su vida profesional. Por eso, el entrenamiento mental, emocional y espiritual, es fundamental para auxiliar a identificar, anticipar y resolver retos y conflictos complejos propios de la vida personal y la profesional.

Nuevamente debo decir que el liderazgo no les pertenece a los jefes, no restrinjas estas ideas exclusivamente a los ambientes de trabajo, porque tu empuje es necesario en tu círculo familiar, de estudios, de amigos o comunitario; quizás allí no cosecharás rentabilidad, pero sí aprendizaje, paz, cordialidad y voluntad al logro.

Entre los hallazgos más valiosos de todas estas investigaciones está que aprender se ubica en lo más alto de lo valorado. El motivo es que independientemente del medio en que nos desempeñemos, tenemos un deseo innato de mejorar de forma consistente. Por este motivo, desde estas propuestas, numerosas investigaciones han convergido en una conclusión similar: el aprendizaje es un factor clave de bienestar de los empleados. Las encuestas de satisfacción laboral —tanto las privadas como las hechas por instituciones sin fines de lucro— coinciden en que la oportunidad de crecimiento es el aspecto más valorado en una empresa luego de los sueldos y beneficios directos.

Una forma de desmantelar al miedo es fomentar la curiosidad.

Refuerza las virtudes vinculadas con *Sabiduría* en los equipos de trabajo a los que perteneces. Insisto en que no debes ser un líder en el sentido formal para lograr este objetivo.

Para hacerlo, te invito a realizar algunos ejercicios que incentivan las virtudes de esta dimensión. Lo ideal es siempre hacer la revisión antes de completar cualquier actividad para que pongan énfasis en los aspectos que hay que mejorar.

- **Creatividad** ➜ **Batalla naval**: haz un equipo de personas y asígnales la tarea de hundir tus ideas. Planifica un juego de guerra donde el grupo, como tu enemigo, aplicará todos los escenarios estratégicos y tácticos para sumergir tu posición. Esto es ideal para los ambientes empresariales, pero también tiene cabida en tu vida personal.

- **Curiosidad** ➜ **Compensación**: aunque existe una gran cantidad de ejemplos para estimular la creatividad, mi opinión es que esta es una disposición más que una práctica; más que promoverla recomiendo el reconocimiento a las personas que la demuestran.

- **Filosofía** ➜ **Crea listas**: como hemos mencionado, este criterio se refiere al amor al conocimiento. De esta manera, cuando haya temas complejos, será ejercicio valioso generar listas que te permitan ver los problemas desde distintas perspectivas que quizás no hayas explotado. Por ejemplo, supón que están evaluando estrategias para hacer promociones a los clientes; el truco consistiría en hacer listas de los clientes según aspectos que no hayan sido pensados, como *Rigidez de la gerencia, Actualidad informática, Peso de las mujeres* o cual otro criterio que no aparezca en los mapas comerciales. Además de forzar al equipo a conocer más a los clientes, puede llevar ideas que a pocos se les han ocurrido.

- **Juicio → Tacha los adjetivos**: cuando hay una reunión en la que haya discrepancia y diferencia de opiniones, sostén una política de «cero adjetivos». Esta es una práctica en la que durante un tiempo específico no se pueden usar calificativos, lo que obliga a los participantes a utilizar información concreta para satisfacer lo que quieren decir. Por ejemplo, no se podría alegar: «Las ventas de este producto están *lentas*», sino: «El presupuesto va 15 % por debajo de lo estimado» o «Estamos vendiendo 40 % de lo que vendimos el año pasado». No diríamos: «Hay que sancionar a Luis porque es *muy conflictivo*», sino: «De los ocho compañeros de Luis, cinco se han quejado de su actitud».

- **Perspectiva ➔ Idea inversa**: si has tomado una decisión, cuéntales a tus personas de confianza que has decidido exactamente lo contrario. Evalúa qué te dicen y cómo defienden o contrarrestan tus ideas. Mantente firme en tu decisión y usa los argumentos a favor de eso que han decidido no hacer. Vuelve a evaluar tu idea en función de lo que te hayan dicho y mira si hay ajustes que quieras hacer. Te pongo un ejemplo sencillo, supón que has estado considerando cambiarte de vivienda, has hecho tus cálculos y tu decisión preliminar es quedarte donde estás. Entonces hablas con tus amigos y le dices lo contrario, que sí te mudarás y escuchas sus reacciones; si alguno de ellos te contradice, justifica por qué lo harás. En esas discusiones hallarás detalles y una mayor perspectiva para calibrar tu decisión definitiva.

Lo interesante de esta propuesta es que encuentra sustento en varias investigaciones separadas y de campos distintos. Me gustaría escoger dos de ellas que encuentro útiles precisamente por lo distintas que son, una desde la psicología y otra desde la neurociencia. Desde el lado del pensamiento está el modelo SPIRE, propuesto por Tal Ben-Shahar,[3] que define los pilares que sostienen lo que podemos llamar felicidad en cinco pilares de bienestar: físico, relacional, emocional, espiritual e intelectual; este último equivalente a la dimensión de *Sabiduría*.

Ben-Shahar no deja de apoyarse en el funcionamiento del cerebro, pero hay otro estudio ideado exclusivamente desde el enfoque biológico que sorprende por sus resultados. En esta investigación se indagó qué sucede en el cerebro de una persona que siente curiosidad. Luego de hacer unas pruebas a un grupo de personas a través de unas preguntas generales, exploraron sus cerebros con resonancia magnética. Lo que encontraron es que la curiosidad predispone al cerebro a recordar mejor la información que recibe debido a un incremento de la actividad en las zonas medias del cerebro y a un incremento de la liberación de dopamina en unas estructuras cerebrales conocidas como el núcleo accumbens. Ya hemos visto que la dopamina está íntimamente ligada al placer. Una información precedida por la curiosidad tiene condiciones biológicas para ser mejor recordada.

La gente se preocupa más por no equivocarse que por hacer.

Los empleados más curiosos son los más efectivos, del mismo modo en que los estudiantes más curiosos obtienen mejores notas. Se podría decir que es lógico que nos sea más fácil aprender aquello por lo que sentimos interés, pero el asunto que quiero enfatizar es que el cerebro reacciona a la curiosidad. La dopamina se incrementa cuando algo nos estimula. Además de las ventajas que la curiosidad aporta a los ambientes de trabajo, tiene influencia en el bienestar individual, mejora la capacidad de relacionarse y se hace más fácil establecer empatía. Un líder genuino pone esta información en manos de su gente.

Los animales siguen viviendo la misma vida desde hace miles y miles de años. El ser humano lo ha cambiado todo, y detrás de esta transformación está el arma más poderosa: la creatividad, el espacio en que nacen las ideas de un mundo místico que no podemos racionalizar con las teorías ni comprender con la lógica. Hemos logrado transformar el pensamiento en corporaciones, formas de gobierno y hasta países; el hecho de acuñar con nuestra imaginación lo intangible y de mirar cómo las manos humanas han materializado aquello que se gestó en una conexión sináptica para después gestar un nuevo capítulo, nos demuestra que la ciencia tendría que estar al servicio de la creatividad.

La creatividad es la mayor expresión de rebeldía; Einstein se rebeló contra las ideas newtonianas cuando hasta los que negaban la existencia de Dios las creían incuestionables, precisamente por no creer en el poder de lo divino. La capacidad inventiva ha logrado innovar lo que hay a tu alrededor, es lo que ha llevado a comprender el fondo de las cosas; la curiosidad puesta sobre lo que ya existía no llevó a tener lo nuevo. Somos esos geniales catalizadores que han maximizado el entorno. Para avanzar en la vida es necesario pensar diferente en cada aspecto cotidiano. Siento que mis ideas más poderosas han caminado al lado de la línea que raya entre la vergüenza de decirlas y la duda de hacerlas. Es como caminar entre dos fronteras en donde un país está en paz y el otro en guerra.

Así como desarrollas *Sabiduría*, ve con el resto de las virtudes. Estas, con referencias positivas, permiten generar frutos; están vinculadas a la fuerza, el valor, el poder de obrar y la integridad. Solo podemos considerar una virtud a una cualidad consistente, lo mismo aplicaría para las HOB. Ninguna de estas acciones tiene sentido si no se hace de forma habitual, en el caso de las personas, o en cultura organizacional, en el caso de las instituciones.

Pocas cosas son más destructivas que los sentimientos de ineptitud que reducen nuestras probabilidades de avanzar, además de aniquilar nuestra disposición a llenarnos de dudas. Especialmente en la juventud nos vemos en la obligación de hacerle frente a la desconfianza de los mayores, que suelen dudar de nuestras capacidades debido a la falta de experiencia. Si eso te sucede, recomiendo que te inspires en Timoteo, el joven al que Pablo le asignó retos de máximo nivel.

Supongo que en ese momento Timoteo pensó que la iglesia era algo inmenso para ser pastoreada por un ser ínfimo como él. Es que hay que tener coraje para asumir las expectativas de Pablo. Yo pensaría: *¿Quién podrá tomarme en serio si no soy más que un niño bajo la sombra de Pablo?*

Ante una tarea descomunal, es natural que dudemos de nuestros talentos. De inmediato hacemos un listado de nuestras carencias, pero nos cuesta aceptar con ecuanimidad las facultades con las que contamos; sobredimensionamos lo negativo y nos calificamos ineptos para lograr lo que se nos ha propuesto. De allí la importancia de líderes como Pablo, que generan confianza y muestran cómo realizar las tareas. Doy gracias a quienes enseñan a los suyos sin temor de que estos los puedan superar. Si no te sientes capaz, solo enfócate en hacerlo bien, que Dios se encargará de que así sea y de que se le dé justo valor a tu empeño.

Mantén la disposición porque Dios no escoge viendo los talentos ni las habilidades, tampoco pesando la edad o la experiencia; Él convoca a los que están dispuestos a dar el paso. Deseo que Dios te encuentre en disposición y te aliste para cumplir con sus faenas.

Los líderes no hacen que la gente cumpla con sus funciones, la gente lo hace porque quiere, los líderes solo disponen las condiciones. Por ese motivo, un líder no tiene nada que perder, ya que lo entrega todo sin oportunidad de recibir; no tiene nada que ocultar, porque se deja ver por todos; no tiene nada que demostrar, porque los hechos lo respaldan.

Los líderes hablan con sus resultados, por ello su credibilidad se sustenta en actos y resultados y no solo en retórica. Sus palabras son semillas que caen en tierra

¿Bajo qué normas se atreve el mundo a estandarizar la creatividad si la imaginación es incontenible?

fértil, dan frutos y mantienen sus hojas. Su pasado, su presente y su futuro terminan por respaldarles hasta el sepulcro.

Los líderes provocan compromiso y con este purifican a la organización, a través de la entrega del equipo, se construye la base de las virtudes que hacen crecer los individuos y a la estructura.

Acabar con la rigidez es más que sacar a tu empresa del atraso, es que salgas tú con ella, e ir, poco a poco, sacando también a tu entorno. Es posible que una sola persona pueda hacerlo sola, pero si no hay ninguna es absolutamente seguro que nada cambiará.

Etiquetar sin hechos es una sentencia y una forma muy estrecha de mirar la vida ajena.

Ábranme por la mitad cuando muera, para saber si en realidad era como creía.

@DanielHabif

PAUSA PARA REFLEXIONAR:

APUÉSTALO TODO

Sé que algunas veces deseas desaparecer, que, aunque sea por un rato, preferirías no ver a nadie ni saber de nada. A mí también me pasa; hay ocasiones en las que quedamos reducidos, diminutos en la esquina de un cuarto sin que sepan de nuestra existencia. Nos replegamos como animales heridos que se arrinconan sin pensar, sin actuar, solo estando con el dolor.

Dale espacio a esos momentos si los necesitas, pero no puedes quedarte en la trampa de la mentalidad de solitarios, un estado que la sociedad aplaude a menudo. Podrá percibirse como interesante y atractivo, pero es peligroso vivir aislados. Yo he estado allí y sé que la amargura es lo único que crece en sus suelos. Tenemos que buscar cómo sumergirnos en la convivencia, reverdecer en nuestra comunidad, porque no entregarles el pecho a quienes amamos es una forma de darle la espalda a Dios, y así nos debilitamos y nos herimos, nos abandonamos al castigo de la vergüenza.

Existe la opción de apasionarnos por la incertidumbre de los caminos estrechos. Consideremos que nuestra perspectiva del mundo es la expresión física de lo que llevamos por dentro. Seríamos el resultado formativo de nuestro espíritu, solo el reflejo de lo que arde por dentro. No huyamos del dolor, crezcamos en él. Es la minúscula resistencia que tenemos al hastío y la terca negativa al sufrimiento lo que nos lleva a hacer cualquier cosa por evitar situaciones que no sabemos resolver.

Eludimos responsabilidades sin importar las consecuencias de la evasiva. No asumir lo que nos toca es desidia y falta de firmeza; buscamos distraernos y apartarnos del problema. No existe error más grave que posponer la confrontación a una tarea que requiere inmediata atención.

Los monstruos se matan antes de que crezcan y sean bestias incontrolables. Extermina tus pendientes, porque la mayor causante del estrés es la incertidumbre ante una situación y la inacción ante un conflicto. Debemos confrontar, a pesar de no resolver las cosas de inmediato. No le permitamos a la ansiedad tomar control de la situación, ya que posponer maximiza los desajustes que esta ocasiona a nuestro cuerpo y a nuestra mente.

Date cuenta si tus reacciones son regularmente negativas y jamás has buscado cómo cambiarlas; piensa bien si hace falta; si este es tu caso; deseo que recibas el anhelo de actuar de manera distinta, sin importar tu edad o tus creencias. Me haría feliz si esta lectura pudiera servir como la antorcha que te ayude a salir de esa oscuridad que te ha servido de escondite; sueño que en estas palabras encuentres un ímpetu para crecer, para encontrar un estímulo para darle un giro a la realidad. No pienses que un pequeño cambio es incapaz de desencadenar una avalancha de grandes beneficios para tu vida.

Siempre hay una oportunidad para volver a empezar, así como lo hace el mar que se entrega sin reposo y renovado a la orilla; así como el amanecer es un grato recordatorio del renacer diario; así como el hombre frente al crepúsculo eterno recuerda amablemente su mortalidad; así como la lluvia nos recuerda que la tormenta pasará.

Actúa desde la solidez de lo que piensas y de lo que dices. Decide mirar las cosas de forma más sencilla y simple, no busques sabotearte buscando lo perfecto y lo complejo. Camina más ligero, no antepongas la riqueza a la sabiduría, no corras sin dirección para que tus pasos no tropiecen por la prisa y el ego. Tampoco temas. Recupera pausadamente el vigor y el fuego del alma. Reserva bien la energía para las batallas importantes, no te desgastes en todos los flancos. Pierde algunas batallas —está bien—, retrocede cuanto sea necesario, pero mantente firme para el triunfo, y recíbelo con la versión más generosa de ti.

A pesar de todos los retos que te esperan mañana, escoge el día de hoy para romper con todo lo malo que te rodea. Hazlo luciendo una sonrisa; aunque la risa te salga a medias y forzada, la tristeza no sabe convivir con una buena carcajada. Sácale provecho a la reserva de gratitud que te queda en el alma.

Conviértete en una fuente de inspiración para otros. No pienses tanto en ti, y dedica parte de tu esfuerzo en asistir a alguien, porque ese es un camino sin desvíos hacia la luz que guiará tus pasos para salir de la cueva en la que estás.

Para finalizar, regresa a tu cama sabiendo que todo estará bien y que, una vez más, tomarás la valiente iniciativa de hacer un cambio rotundo y radical en ti.

¿Qué mal te puede pasar si lo vuelves a intentar? Ninguno. ¿Ves? Nada malo pasará, porque no te detendrás hasta que hayas conseguido lo que deseas. Esa es tu comisión, esa es tu responsabilidad. Papá Dios te va cuidando, y con eso te sobra.

Haz lo tuyo, haz lo que te toca, haz lo imposible. Nadie consigue grandes fortunas apostando poco. Ya no te detengas por el «¿cómo lo voy a lograr?», porque ese «cómo» aparecerá tarde o temprano.

Ve y muéstrale al mundo de qué está hecho tu espíritu, y no te detengas hasta que no escuches las campanas de la victoria.

Las campanas de la victoria van a sonar.

EJERCICIO:

RESPIRACIONES DIAFRAGMÁTICAS

La primera herramienta que deseo explorar es la más sencilla, pero a la vez la más universal. La usaremos en varias de las actividades que tendremos más adelante. Este es un ejercicio básico para prepararse a enfrentar el miedo; es sencillo y poderoso a la vez. Debes hacerlo sin tensiones, porque así respirabas cuando eras bebé. No es más que una sencilla respiración.

Nuestra reacción natural cuando sentimos miedo es hablar con nosotros mismos, pedirnos calma, tratar de autoconvencernos de que nos quedemos quietos. El problema es que hacer eso nos empuja a hundirnos más en la situación. El motivo es que nos hace fluir en la dirección que nos marca el cerebro. El principio detrás de este ejercicio, por el contrario, es obligar a nuestro cuerpo a hacer lo contrario a lo que el cerebro le pide.

¿Recuerdas que dijimos que hay actividades que se rigen de forma espontánea, pero que podemos controlar, como el pestañeo y la respiración? Pues vamos a respirar justo de la manera contraria a la que nos pide el cerebro. Así como las turbulencias de la mente repercuten en el cuerpo, forzar una calma se reflejará en la mente. Es por este motivo que estas actividades se llaman «De abajo hacia arriba»; son fabulosas porque así como el cerebro puede crear las condiciones para que el cuerpo se altere, este último puede hacer lo mismo con la mente; podemos nadar a contracorriente y con ello logramos que disminuya la tensión y favorecemos que se restauren las condiciones de serenidad.

En *Arquitectura del miedo* vimos que el cerebro controla los movimientos de nuestro cuerpo. Si quiero tomar agua, un grupo de neuronas darán una señal eléctrica al lóbulo frontal con la que mi mano me acercará un vaso a la boca. Este principio es bien conocido. El tema es que los movimientos del cuerpo también pueden tener influencia sobre el cerebro.

Antes de comenzar este y cualquier otro ejercicio para combatir el miedo y la ansiedad, te recomiendo que hagas una evaluación subjetiva de disconformidad, que es una consulta interna de cómo te sientes. Supón que lo que te está causando temor es el resultado de una prueba de laboratorio, y que no puedes dejar de pensar en ella sino en términos negativos. Piensa en cómo te sientes usando como referencia una escala del uno (te preocupa, pero no te produce una sensación opresiva) al diez (situación de angustia incontenible).

Este ejercicio es tan sencillo como tomar aire. Vas a buscar un lugar donde sentarte con comodidad o acuéstate bocarriba con una almohada bajo la cervical. Yo me inclino por la forma sentada; además, si aprendes así te será más fácil hacerlo donde estés.

1. Ponte la mano izquierda en el pecho y la derecha en el abdomen.
2. Vas a inhalar y a asegurar que tu mano en el abdomen se mueve, pero que la de tu pecho se queda en el mismo lugar; es decir el aire fluye directo al diafragma.
3. Luego vas a exhalar por la boca, otra vez asegurando que solo se mueve la mano derecha.
4. Cuando hayas aprendido estos movimientos, escoge un número de respiraciones —para comenzar, seis es un máximo razonable— y comienzas a hacer ciclos. Para este ejemplo usaremos el cuatro.
5. Inhalarás durante un conteo de cuatro, sin que se mueva la mano izquierda.
6. Retendrás al aire por ese mismo lapso.
7. Exhalarás por la boca en el conteo de cuatro.
8. Detendrás la respiración durante el mismo tiempo antes de recomenzar.
9. Cuando el miedo o la ansiedad te ataquen, haz esta respiración tantas veces como sea necesario.

Te explicaré por qué esta técnica funciona: si usamos el control de nuestro cuerpo para que este actúe justo de la forma contraria en la que los mecanismos del miedo le ordenan, se envía una señal de serenidad.

Hay demostraciones de que esta respiración tan sencilla contribuye al manejo del estrés y la ansiedad.

Una vez que hayas terminado, vuelve a realizar la evaluación subjetiva de disconformidad, con la mayor honestidad, para que puedas medir cuánto has mejorado. Si pasaste de diez a ocho, por ejemplo, repite el ejercicio y te vuelves a autoevaluar. Así miras los avances que puedes alcanzar y te concientizas si lo estás haciendo bien.

No subestimes el valor de este ejercicio. Es justo a esto a lo que nos ha traído la comprensión de la biología del miedo. Las técnicas de respiración se realizan desde hace siglos de forma empírica, ahora tú las podrás realizar con el fundamento de saber por qué funcionan.

Yo lo hago siempre, incluso es un recurso indispensable antes de mis conferencias y de otras presentaciones importantes, las que, créeme, aún me hacen temblar.

Por otro lado, no pretendo que ahora andes inflando la panza a cada rato, este ejercicio es para darte paz, no para alimentar tu ansiedad. No tienes que respirar durante todo el día ni te debes preocupar si no lo haces. Este ejercicio es para cuando quieras evitar caer en una crisis de pánico o si enfrentas un episodio de miedo.

No hay doctor que pueda curar tu ansiedad. Aunque el mercado esté colmado de ansiolíticos, estos tampoco harán más que distraerla un rato para que vuelva con mayor ferocidad. Obviamente, la medicación es indispensable cuando es recetada por un especialista, pero, aun así, no terminará de arrancar la maleza que has dejado crecer a costa de tu fertilidad. Necesitas actuar, poner de tu parte una implacable disciplina, apoyarte en las personas que te aman y depositar toda la confianza en Dios.

La fuerza necesaria no llegará a ti sin el combustible de la determinación, y con la fe puedes llevar el tanque de tu voluntad día a día para arrancar. La fe es una fuente pura, inagotable, renovable; arde en ti para descontaminar a todos los que se crucen contigo.

La vida suele darnos

lecciones muy duras :

Dios, lecciones muy sabias.

Nosotros escogemos

el método.

Establecimiento y extinción del compromiso

Hemos llegado a la mitad del camino y sé que ya has comenzado a trazar planes y a establecer compromisos. Este es el momento de ir pensando cómo lo harás, para que una vez que termines este libro no pierdas el ímpetu de poner en práctica lo aprendido porque lo dejas en una lista de terminados, aplastado por las demandas de la rutina.

Nadie además de ti tiene una maestría en tu vida, solo tú conoces la anchura de tus sueños y la profundidad de esos miedos que te desvían del propósito que te has trazado.

En estas temporadas de incertidumbre, la fidelidad y la lealtad suelen ser golpeadas y son los momentos justos en los que podemos hacer un test de temperatura de nuestras bases. Es el tiempo para contar cuántos quedan, porque en las buenas siempre contamos cuántos somos. Es un gran espacio para medir la fidelidad que suele parecer algo intangible. La lealtad va con la causa o el ideal.

La fidelidad es inherente a la bondad y a la anchura del corazón, a los principios de la moral y la ética. La lealtad es inherente a la razón, al deber y al deber ser. La fidelidad se teje con la confianza y la incondicionalidad a una persona física o moral, la fidelidad es sujeción al amor sobre la carne y las pasiones; la fidelidad te habla de alguien que tiene dominio propio y la lealtad es la aplicación de ese amor según acuerdos; por ello, se le puede ser fiel a una persona, pero no leal a su visión o a su causa.

Cuando la fidelidad y la lealtad se unen, se crea un compromiso. Yo siempre he creído que el activo más preciado de una persona es su palabra sobre sus convicciones; no obstante, ese activo puede aumentar o disminuir su valor, tal como se mueven las acciones en las bolsas de valores, ya que con la palabra se construye la reputación, pero, sobre todo, el legado. Por eso, cuando se adquiere un compromiso, hay quienes terminan siendo fieles a sus conveniencias mientras que otros prefieren ser leales a sus convicciones.

En este ejercicio dibujaremos un mapa que te permitirá ubicarte en cuál fase de compromiso estás. Es un ejercicio útil para prepararte porque lleva a renovar votos, a redefinir nuevos acuerdos contigo, algo que te puede servir en lo personal, pero también puede llevarte a una evaluación de tu dimensión profesional.

Toma suficiente material porque romperás muchas hojas en este andar. El primer paso es asimilar con humildad y sabiduría nuestro estado mental, emocional, profesional y espiritual, mirarlo como una entidad, esta es la primera entrada a una transformación positiva. Si te ayuda, anota ideas y frases que lleguen a tu mente. La percepción será subjetiva, pero es un buen comienzo que te permitirá hacer seguimiento de cómo vas.

Si cuentas con algún familiar o amigo que te conozca profundamente y consideres neutral, estable, honesto y amoroso, puedes compartirle este pequeño diagnóstico para que te ayude a rectificar tus anotaciones y calificaciones. En mi caso, yo recurro a cinco personas, que me ayudan a contrastar mi evaluación y las de otros, ellos me dan, cada uno a su manera, asesoría para que nunca haya demasiada distancia entre mi autoreferencia y lo que otros ven en mí. Como lo dice la palabra de Dios: «Sin dirección, la nación fracasa; el éxito depende de los muchos consejeros».

Comenzaremos con las fases del compromiso. Ya que muchas veces decimos que nos comprometemos con algo, pero no definimos el nivel de este acuerdo o, peor aún, nos hacemos creer que sellamos un pacto al que en el fondo no le damos validez, es solo un deseo espontáneo del futuro porque idílicamente lo pensamos, pero no comprendemos la amplitud de su significado.

Quisiera que listes los compromisos que ya has establecido y que traces un mapa que indique en qué fase estás, en cada uno de ellos, siguiendo el esquema que veremos más adelante. Es importante que notes que pueden estar en fase de establecimiento o de extinción. Quisiera que en la lista incluyas tu compromiso por salir de las trampas del miedo. Así que espero que esta somera definición te sea de servicio, y te ayude a ubicarte mejor.

Hay muchos compromisos posibles, me gusta usar el ejemplo de una relación de pareja porque casi todos hemos pasado por esa experiencia, pero puede ser de cualquier otro elemento como cambiar tus hábitos, dedicarte a la vida pastoral, crear una segunda fuente de ingresos y, obviamente, romper las cadenas del miedo.

Primera fase de establecimiento:

La primera fase del compromiso, es cuando nace la curiosidad por la causa, sueño, meta o ideal. Por consecuencia, tu interacción con la idea es ligera y fácil, no lleva exigencia ni acuerdos. Digamos que inicia la faceta en la que nace la química y el primer paso hacia una posible fidelidad. Tu deseo cuadra con la visión.

Segunda fase de establecimiento:

Llega la primera solicitud, un reto que exige la activación del compromiso ante un reto. Aquí la historia comienza a tomar seriedad. Un ejemplo es poner en tu tarjeta de crédito el costo de un gimnasio, salir del trabajo para un curso o dejar de flirtear con todas esas personas que te escriben seductoramente al teléfono. Aquí sabes que dedicarte a la iglesia no va con tus domingos de fútbol. Allí nace la segunda etapa, justo cuando llega la primera solicitud de tu entrega. Si decides seguir la causa e idea, significa que ya no es solo curiosidad, sino que tienes cierta disposición a cumplir un designio autoimpuesto o solicitado por un tercero. Esta es la verdadera firma del pacto.

Tercera fase de establecimiento:

En este punto el compromiso ha mutado al nivel de convicción, dejando atrás el deseo, las emociones o la simple creencia a la que te has entregado. En esta etapa se llega a una relación profunda de confianza y fidelidad, se construye el puente o la catapulta que te lleva a la determinación férrea de mantenerte firme en la meta a pesar de cualquier reto o conflicto. Recuerda que este acuerdo es interno aunque la misión involucre a otra persona, es decir, que sirve tanto para aprender un idioma como para mantener un noviazgo; este grado de confianza es interno y de allí nace la disposición de poner tu tiempo, amor, cuerpo y mente, no una demanda externa.

Cuarta fase de establecimiento:

Más que una fase, esta es una dimensión, porque te rindes integralmente ante el propósito de tu vida y decides multiplicar el mensaje, llegaste al nivel o estado de la comisión, es justo aquí donde dejas atrás las conveniencias y buscas que otras personas también redoblen su capacidad de establecer un nexo como el tuyo. Ser mujeres y hombres de compromiso es ser dignos del fideicomiso llamado vida, que a cada uno de nosotros se nos ha entregado.

Así como sabes definir las fases de establecimiento, es importante que identifiques cómo opera la extinción, porque no puedes creer que siempre estarás en una situación ascendente. Hoy puedes estar en la cuarta fase con alguna actividad o relación, pero puede llegar el momento en que no sea así. Siempre se puede retroceder.

Veamos, entonces, las fases de extinción.

Primera fase de extinción:

Comienzas a ofenderte por todo y esas emociones te debilitan y sientes que se acumulan en una parte de ti. Ves grietas entre lo que haces y lo que quieres. A pesar de esto, sigues la causa, pero notas una intermitente pérdida de entusiasmo. Aumentan las veces en que echas de menos aquello que has dejado para satisfacer tu compromiso.

Segunda fase de extinción:

Nace la duda, y con ella te divides mental, emocional y espiritualmente. Se desata un debate entre tus conveniencias y convicciones, tus deseos y circunstancias. Sube el volumen de las voces de quienes nunca estuvieron comprometidos. Buscas identificarte y justificarte poco a poco para prepararte para la ruptura. La apatía se hace presente y en ella nace la discordia para provocar las primeras raíces de amargura.

Tercera fase de extinción:

Pierdes subjetivamente la fe, en consecuencia, tus actos y palabras revelan la fragilidad que han causado al compromiso las dudas y los conflictos. Esta frase resume de forma sencilla lo que puede pasar en un matrimonio: si el oro se oxida, no era oro, si el amor se acaba no era amor. En esta fase, ya no importa el tamaño del conflicto, la amenaza o el reto, se consolida una decisión tácita de no continuar.

Cuarta fase de extinción:

En la fase definitiva solo queda apatía, desdén y arrepentimiento, que es la peor de todas , ya que daña tu presente y tu pasado. Es indispensable evitar llegar a esta situación porque se produce un punto de no retorno, una marca imborrable.

No pases de la primera fase de extinción, pero tampoco te alarmes al detectarla; esta siempre aparecerá en cualquier compromiso que establezcas; tan pronto identifiques las grietas, busca qué las ha causado.

Una vez hecho lo anterior, se pasa a la fase de comprender el panorama. Para esto hay que entrenar mente, corazón y espíritu, de la misma manera como se robustece con cualquier músculo, lo que normalmente se hace con prácticas que se repiten infinidad de veces. Por ejemplo, yo oro y medito con constancia, es algo que realizo todos los días y cuando la agenda se me complica, algo debe salir para darme tiempo de orar y meditar. Lo hago sin importar el lugar.

La comprensión no nace en una mente en blanco, sino es una que se entrena para buscar un millar de posibilidades y no toma como absoluto un solo camino y mucho menos cuando lo tomamos porque nos parece el más fácil. Comprender es vivir cuestionando hasta que la respuesta obtenida erradique las tentaciones de mantenerte inmóvil. Si hay esperanza, hay una salida, si hay pensamientos buenos, pronto conseguirás la llave que necesitas, pero debes partir de las posibilidades y no desde la derrota.

Sabrás cuando estés comenzando a comprender porque notarás que tu mente se entona y tu corazón siente paz, no al revés. Es un estado de gozo y deleite aunque afuera se escuchen los ruidos de tormenta.

Sé que estás a mitad del libro y que te llenas de ánimo para luchar contra el miedo, de hacer tus meditaciones y aplicar los ejercicios, pero este es un compromiso que requiere esfuerzo, implica fidelidad, para superarte, y lealtad a la forma de hacerlo. Fortalece tu compromiso y sal de esa trampa.

Siempre busca iniciar el día desde cero, despiértate como Dios te trajo al mundo, sin dolores, sin rencores, sin traumas y sin miedos.

DIOS NOS LLAMA
A ARREGLAR LAS COSAS.

PARTE 3

El laberinto del miedo

Hay gente que decide romper de golpe con algo y eso genera una especie de fuerza que nace de los escombros de lo que deja atrás.
—**Haruki Murakami,** *La muerte del comendador*

Venimos de un recorrido por los maravillosos mecanismos de nuestra perfección biológica, reacciones que forman parte del ser primario que somos, de nuestro componente animal. Nos presenta caminos de ida y vuelta del cerebro al cuerpo. En cambio, en la mente, el miedo opera de una manera distinta, anda por caminos que pudiéramos considerar torcidos hasta perdernos.

Antes de explorar la dimensión exclusivamente humana del miedo, quiero que conozcas al pequeño Albert. Hace cien años, en 1920, el psicólogo conductista, John Watson, ejecutó un estudio muy interesante. Junto a Rosalie Rayner, tomó a un bebé al que presentaron una serie de animales peludos —un mono, un conejo, un perro— ninguno le produjo rechazo, y mucho menos una rata blanca, que fue su favorita. Sin embargo, siguiendo las técnicas del condicionamiento, los investigadores hacían sonar un fuerte martilleo cuando el niño tocaba una ratita que le había encantado, lo que terminó por producirle pavor. El resultado fue que el bebé desarrolló un rechazo hacia todos los estímulos peludos.

De niños elegíamos lo que más queríamos, ahora elegimos lo que más nos conviene.

Antes de continuar debo dejar en claro que, como muchos de los estudios de la época, este no tendría mayor validez metodológica si lo evaluáramos con los estándares modernos, pero es de importancia significativa porque puede considerarse como el primer intento relevante por comprender la conducta del miedo. La importancia de esta investigación radica en que, además de ser muy ilustrativo y que fue la primera vez que este tema se abordaba con una aproximación académica, abrió el camino para el estudio de muchos de los elementos que veremos a continuación.

El estudio del pequeño Albert tiene tanto para el mundo de la novela como de la academia, ya que Watson y Rayner —que era su alumna y tenía veinte años menos— se enamoraron, lo que terminó en un escandaloso divorcio y un exilio del Watson del mundo académico, para beneficio y crecimiento del de la publicidad.

Con Watson fuera del panorama y sin haber podido «descondicionar» a Albert, Mary Cover Jones, una joven psicóloga que conocía el trabajo de Watson, comenzó a tratar al pequeño Peter, otro niño que mostraba espantos similares a los de Albert. Cover trabajó con Peter en dos frentes, uno social y otro relacional. El social consistió en ponerlo a compartir con otros niños en un ambiente donde un conejo estaba presente, enjaulado y algo lejos, pero visible. Poco a poco, y en la medida en que Peter se sentía más cómodo socializando, iban acercando la jaula adonde él estaba, no demasiado. En paralelo, la aproximación relacional fue que el animalito era expuesto a Peter cuando él recibía un estímulo positivo, como su comida favorita. De esta forma empezó a realizar asociaciones positivas. Al final, Cover logró que Peter jugara con el conejo.

Como podemos ver, las asociaciones son muy poderosas. En una investigación realizada sobre los traumas vividos durante las atrocidades cometidas por los Jemeres Rojos, en Camboya,[1] se estudiaron ciertos elementos que activaban reacciones negativas. Es un documento duro de leer, considerando el terror que se vivió en ese tiempo, pero ilustrativo de cómo funciona nuestro cerebro. Una de las sobrevivientes, por ejemplo, manifestó que el olor a carbón encendido le producía palpitaciones, ansiedad, sudoraciones excesivas y dolor de cabeza, entre otros síntomas; su subconsciente había guardado los olores de los bombardeos.

Este enredado laberinto lleva a reflejos concretos, respuestas que nos ayudan a subsistir, pero que al mismo tiempo pueden causarnos problemas. Ya hemos visto que ante un hecho concreto —como un ataque de nuestra conocida tarántula—, el organismo modifica el ritmo cardíaco, agudiza la capacidad visual, se enfría, aumenta el flujo sanguíneo, activa hormonas y neurotransmisores; en ocasiones, el sistema autónomo reserva toda su energía y paraliza al cuerpo.

Tiene mucha lógica que lo anterior se produzca como mecanismo de supervivencia, el problema es que atacan con la misma severidad cuando nos enfrentamos a la situación de tener que ponernos de pie para presentar la idea que puede cambiar el rumbo de tu compañía, donde no hay un tigre ni un volcán en erupción. La angustia, la ansiedad y el estrés son palabras que siempre asociamos con elementos negativos, pero algunas veces las confundimos, todas nos pueden ayudar o hundir.

Puedes determinar quién eres, cómo será tu existir y tu existencia el minuto que viene.

La angustia es una emoción que suele producir estancamiento; es una sensación que se hace compleja de definir porque quienes la padecen la encuentran imprecisa y difusa. Ha sido ampliamente estudiada en el psicoanálisis, disciplina en la que se le da enorme importancia. La angustia es quizás una de las emociones humanas que más ha atormentado a los poetas y a los filósofos, porque tiene relación con principios y valores fundamentales.

La ansiedad, por su parte, es una prima aterrizada de la angustia, es una manifestación del miedo, solo que la araña no ha aparecido, sino que vivimos con el temor de que lo haga en cualquier momento, que nos echen del trabajo o que nuestra pareja nos deje. Estas ideas causan reacciones fisiológicas similares a las que serían naturales cuando veamos a nuestra tarántula, con la diferencia de que no son un hecho concreto.

¿Recuerdas el ejemplo del coche huyendo de la lava ardiente?, pues la ansiedad es precisamente vivir con el pedal a fondo, incluso cuando estamos durmiendo. Esta es la más riesgosa manifestación, precisamente porque alarga en exceso las condiciones *catastróficas* del estado catabólico. El efecto es como el de una persona que va de visita a un bosque y lo ataca un tigre, luego otro y otro, cada embestida produciendo las reacciones intensas que ya conocemos. Una demostración más cercana puede ser la de una persona que pasa el día bajo el yugo de drogas estimulantes.

El estrés tiene manifestaciones similares a las del miedo, pero, a diferencia de la ansiedad, se produce por un hecho concreto, como conflictos personales, una mudanza o las estrecheces económicas. No quiero decir con esto que sentir estrés es mejor que tener ansiedad, incluso puede ser peor si tenemos pocas posibilidades de resolver las causas que lo producen, la única ventaja que tiene es que se hace más fácil de definir y que potencialmente se aligera cuando el detonante se resuelve o colapsa.

En resumen, podemos dividir de un lado al estrés, que es una reacción a eventos concretos como las demandas laborales o entregar un libro a tiempo; es decir, un evento específico. Del otro lado tenemos a la pareja de la ansiedad y la angustia, que se activan con detonadores menos concretos; la primera se origina ante una amenaza que la mente define como concreta, aunque no sea cierta o haya sido exagerada por nuestros esquemas de pensamiento. La angustia, aunque se manifiesta de forma similar a la ansiedad, tiende a debilitar mucho más la voluntad de acción debido a que la provoca un temor existencial complejo e inasible, que puede tener que ver con principios morales o una crisis existencial.

Si hay algo en tu mente que causa ansiedad o estrés, tu cerebro lo reconocerá como tal y comenzará su rutina neuronal y hormonal. De esta forma, si estás enfadado con tu pareja o tienes problemas en el trabajo, las glándulas suprarrenales aumentarán el cortisol que te pondrán en estado catabólico —de *cataclismo*—, y de allí seguimos a la inmunodepresión, la subida de glucosa y los problemas estomacales, lo cual sucede sin que haya una amenaza real en la sala de tu casa ni debajo de tu escritorio, pero la respuesta somática es como si la hubiese, como si a cada paso estuviéramos expuestos a un peligro.

Vivamos un mundo digno de gozar, no este escenario de encaprichamientos diarios.

❧

Al seguir investigando comprendí que hay reacciones que superan lo biológico y que afectan nuestros comportamientos; entre las más comunes tenemos: avergonzarnos, escondernos o hacer cosas que no queremos; es decir, perdemos autonomía (disminuye la autoestima, lo que reduce la capacidad que tenemos para controlar la situación y, por lo tanto, nos tornamos más inseguros). De aquí la importancia de ejercer el control.

Recordemos que estos efectos tienen su origen en una base biológica. A diferencia de lo que muchos insisten, no es tan sencillo autoconvencernos de abandonar el miedo. Lo que espero cuando acabes este libro es que ejercites con las herramientas concretas que te ayuden a sobreponerte y a configurar tus réplicas de mejor manera.

Un evento inexistente o potencial creará un eco real y palpable (como que aumente tu ritmo cardíaco, que te cueste articular palabra o que te tiemblen las manos):

- Deterioro de la autoestima.
- Sentimiento de fracaso.
- Angustia y pánico.
- Sensaciones de impotencia e indefensión.
- Bloqueo del pensamiento lógico.
- Creencias irracionales.

Quisiera detenerme en esta última porque de allí salen las ideas catastróficas, la exageración y la obsesión con realidades distorsionadas.

Es precisamente este efecto el que vimos en el capítulo *Las trampas de la infelicidad* con el caso de la mujer que quiere separarse de un marido que la maltrata física y emocionalmente. El miedo la paraliza, por su mente corren escenas de sí misma sin tener nada que comer, donde todos le han dado la espalda, la soledad se observa como un lugar terrible y oscuro. Cuando somos invadidos por estas visiones fatalistas, es mucho más complicado activarnos. Estos son los mecanismos de defensa que nos impiden movernos, nos encierran en la madriguera de la que no nos atrevemos a salir, porque pensamos que afuera todo será mucho peor.

A continuación, encontrarás una lista de algunos de los efectos que el miedo causa en tu comportamiento:

- Irritabilidad / agresividad.
- Reclusión / inhibición.
- Risas o llantos descontrolados.
- Actitudes discordes con la personalidad.
- Aislamiento.
- Timidez excesiva.
- Balbuceos / Repeticiones.

Todos estos son elementos que afectarán nuestra habilidad para resolver problemas, lo que nuevamente nos hundirá más en el temor.

De todas estas manifestaciones hay una que se impone. Quiero darle importancia porque, en mi experiencia, la considero como la raíz de buena parte de los problemas de la gente que me pide soporte: el bloqueo para tomar decisiones.

Tomar una decisión y ejecutarla son acciones clave, sea para hacer una propuesta al director o para lanzar un producto al mercado. El miedo afecta nuestra capacidad para procesar la información y hace que pospongamos la ejecución de aquello que debemos hacer. Una de las formas en que esto sucede es enviando señales contradictorias. Por eso, la primera trampa de este libro fue la que le dedicamos a la indecisión.

Analizar en exceso nos lleva a procrastinar. El miedo mueve los hilos de ese fantoche; pero si analizamos un poco descubriremos que ese énfasis por los detalles puede ser un mecanismo para refugiarnos en una condición en la que nos creemos seguros: la de no hacer nada.

No debemos creer que el miedo es un mal exclusivo de las personas. Los colectivos también pueden sufrirlo; por ejemplo, las organizaciones cuyos jefes no tienen ni idea de liderazgo generan en su gente bloqueos y ansiedad por cometer errores o de ser expuestos, lo que conlleva irremediablemente a un bloqueo de la toma de decisiones, de la creatividad y del desarrollo de sus miembros.

> **Exploraba en mi mente y encontré un terreno en el que no había sembrado.**
>
> ✦

Algo que debes saber es que algunos miedos son aprendidos o adquiridos de otros individuos. Ciertos monos aprenden a temer cosas inofensivas cuando ven videos (editados por los investigadores) de otros monos expresando terror. Lo mismo pasa con nosotros: podemos resultar contagiados de miedo por el efecto de lo que sienten otros a nuestro alrededor o por observar hábitos en nuestros padres, por ejemplo. Esta característica les ha permitido a dictadores y populistas movilizar las masas contra minorías y ciertos grupos.

Como puedes ver, los efectos del miedo en el ámbito psicológico son tan serios como los físicos, y lo peor es que, al final, traen consigo los males de ambos mundos, pero podemos hacer cambios en nuestro pensamiento y en el órgano mismo. Se conoce como neuroplasticidad a la facultad que tiene el sistema nervioso para adaptar su funcionamiento ante cambios en el entorno; son ajustes que el cerebro experimenta tanto en lo físico como en lo operativo, como reorganizar los procesos perceptivos e incluso los cognitivos. Aunque este es un concepto que tiene más de cien años, solo fue comprobado en la segunda mitad del siglo cuando se desarrollaron equipos más sofisticados, lo que ha permitido realizar estudios a personas que han sufrido lesiones cerebrales.

¿Por qué te hablo de esto? Pues bien, si el cerebro tiene capacidad de rehabilitarse cuando ha sufrido lesiones, no hay motivo alguno para que tú no puedas mejorar tus modos de pensar. Frases como «Yo soy así», «No voy a cambiar», «Eso lo aprendí en mi infancia» son las guaridas en las que el miedo se refugia las pocas veces que quieres acabar con él.

Sí hay posibilidad de modificar tus patrones de conducta, así como cambias los hábitos. Sí podemos redefinir la química y estructura de nuestro cuerpo con la aproximación «de abajo hacia arriba», que ya hemos visto. Sí podemos trazar nuevos surcos de aprendizaje.

Nadie dijo que sería fácil, pero solo podrás hacerlo cuando te convenzas de que es posible. Entre más practiques ciertos comportamientos, más fácil se te hará crear nuevas prácticas. La plasticidad ocurre aun cuando no sepamos, es decir, que cada vez que actuamos estamos modificando cómo opera el cerebro, si nos refugiamos en conductas evasivas, aumentamos la probabilidad de que lo sigamos haciendo.

También podemos cambiar la química utilizando medicamentos, pero no fue para eso que vinimos a este libro, aunque más adelante si mencionaremos uno de ellos. Lo ideal es que puedas avanzar en tu lucha contra el miedo sin drogas, siempre que no tengas una razón clínica que lo amerite.

No te atragantes de ego cuando hay tanto dulzor en las cosas sencillas.

Quiero que sepas que somos adictos a la comodidad. Sí, así como lo oyes. La comodidad causa adicción y cada vez que consumimos aquello a lo que nos hacemos adictos, nos hundimos más.

No actuar ante aquello a lo que le tememos es una forma de manifestar nuestra adicción y cada vez que nos refugiamos en el temor no hacemos más que profundizarla.

LA PASIÓN CON DISCIPLINA TE HARÁ ESTALLAR.

NO. 01 ISSUE

@DanielHabif

@DanielHabif

Capítulo 11

Las trampas del porno

P uede ser que el miedo te haga saltar las páginas de este capítulo porque no quieras reconocerte en ellas; de ser así, tienes que hacer un esfuerzo por volver y enfrentarlas. Otros no se sentirán identificados y las leerán con una sonrisa nerviosa, sin saber que hay personas a su alrededor que pueden estar sufriendo de una terrible adicción.

No dudo que salgan muchos a llamarme puritano, seguramente los mismos que hoy dicen que soy un libertino, pero no importa lo que digan si puedo reducir la posibilidad de que un día cometas el error de asomarte por la ventana del porno y acabes en sus cadenas.

La pornografía suele llegar a tu vida como un invitado inesperado y se queda a vivir en ella como si fuese su dueña. Este es un vicio que te invita a un sexo que ensucia el alma y te enferma el espíritu; termina reduciendo tu sexualidad, te roba la alegría y luego te arrebata el placer mismo. A este gozo ficticio que no te produce felicidad y que causa grandes heridas a las personas que te rodean, hay quienes lo ven como un entretenimiento, otros, incluso, lo justifican como educación sexual, pero es un saqueo de tus emociones y una pérdida de libertad. El éxtasis que crees encontrar en esa farsa evapora las delicias de la sensualidad. Es un espejismo que te deforma por dentro.

Dios nos proveyó disfrute para que nos expandiéramos y amáramos sin que dejara de ser un gozo y elevación de nuestro espíritu, pero la pornografía degrada lo humano, lo deprecia, lo deprime, lo hace desechable. Es una mentira sobre las relaciones íntimas, nos muestra una distorsión, una alternativa irreal, delirante, absurda.

Los adictos a la pornografía son como niños que no pueden dormir porque confunden la realidad con lo que vieron en una película de fantasmas; asumen como ciertas esas escenas en las que se finge gozo a pesar de que es un contacto deshumanizado, extravagante, árido. Se levantan a trabajar en vela porque se quedan viendo la ficción de relaciones utilitarias que desdibujan la verdadera esencia del amor. Esta es una perspectiva desfigurada y trastornada que tiene como resultado un vacío insostenible. He presenciado el declive de personas que en estos artificios feroces han perdido sus familias, su trabajo y su autoestima.

@DanielHabif

¿Cuánto dolor hay en nuestros absurdos esfuerzos por no sentirnos menos?

La pornografía promete placeres insospechados, pero solo conduce a la obsesión, al extremismo, a la soledad, a la apatía y —no te sorprendas— a la pérdida del disfrute sexual. Que no te suene exagerado, esta es una actividad que estrangula al sexo, aunque, por lo general, se piense que lo incentiva. El porno es un calabozo de culpas, de irritaciones y de decepción. Como toda adicción, te llena de agresividad y te roba el control. Como si no fuera suficiente, altera la toma de decisiones, corrompe el funcionamiento cognitivo y altera la bioquímica; es un avance indetenible al abismo de la impotencia, de la frigidez, de la eyaculación precoz, de la depresión, del bochorno y del aislamiento. Esta es una pandemia silenciosa.

He llegado a escuchar que las adicciones son para mentes débiles, que las personas «fuertes» pueden controlarse.

Cuando oras, el tiempo no existe.

✦

Quienes dicen esto son, precisamente, los que primero se doblan ante el peso de las mentiras y los orgasmos fingidos. Esta dependencia de imágenes explícitas tiene que ver, en buena medida, con la facilidad que tenemos para consumirla. No es diferente a lo que sucede con las drogas. Aunque en el pasado también hubo una industria pornográfica, jamás se había tenido un acceso tan cercano a estos materiales.

Pensar que puedes evadir estas mentiras es desconocer cómo opera tu organismo. No necesitas invadir tu cuerpo para crear una adicción, esto también ocurre con conductas adictivas, que es como una droga que no fumamos o metemos en nuestra sangre, pero que tiene enormes impactos bioquímicos en nuestra mente. Una de las bases científicas es la activación de lo que se conoce como estímulo supernormal, que puedo simplificarlo como una reacción exagerada que prestamos a un impulso, lo que provoca una respuesta más intensa de lo habitual.

Se considera un adicto a quien no puede dejar de hacer una actividad que le produce un perjuicio. Este daño puede ser físico, psicológico y social. El alcoholismo, por ejemplo, no solo devasta físicamente, tiene terribles consecuencias personales: destruye carreras, familias, reputaciones. Cuando llega a niveles elevados, los daños al entorno son tan nocivos como los físicos. Podrás creer que tienes el derecho a hacer lo que quieras con tu vida, incluso matarte, pero la adicción destroza a quienes te rodean, y nadie te concedió ese derecho.

Es difícil de estudiar asuntos tan íntimos, porque muchas personas los ocultan. Aun así, sabemos que la dopamina, que es un neurotransmisor asociado a nuestros impulsos y deseos, tiene enorme peso en el enganche. Para que te hagas una idea de cómo funciona, está demostrado que este neurotransmisor se activa profusamente en quienes sufren dependencia de los videojuegos, lo que nos hace inferir que tiene un efecto similar en la pornografía. Lo crítico es que más dopamina no lleva a una mayor satisfacción. Esto tiene un impacto profundo en tu cerebro, porque implica que este incontenible deseo de ver material sexual no te hace disfrutarlo más y tampoco te permite gozar del sexo.

Kent Berridge, investigador experto en psicobiología de la Universidad de Míchigan lo demostró en un estudio en el que utilizó ratas genéticamente alteradas para producir elevados niveles de dopamina.[1] Cuando se les presentaba un alimento, las ratas modificadas reaccionaban con mayor intensidad y corrían hacia el estímulo mucho más rápido que las normales. El punto es que las ratas con más dopamina no mostraban mayor goce al comer aquello que buscaban con tanto desespero; se produce un incontrolable deseo de hacer algo que no te complace más que a una persona normal.

Podrás decir que estas investigaciones no valen porque no somos ratas, entonces, te comento que la Sociedad Max Planck de Alemania hizo un estudio con humanos en 2014:

El compromiso aparece en el error.

se hizo un análisis con 64 hombres que consumían pornografía; se les conectaron equipos para medir los impulsos neuronales y se les mostraron imágenes explícitas. Los investigadores registraron menor actividad neuronal en el circuito de recompensa en el cerebro de aquellos que consumían más; el resultado fue que los que dedicaban más tiempo a ver porno recibían menos placer al verlo.

Estas actividades en el sistema de recompensa se parecen a las que padecen los drogadictos, motivo por el que cada vez tienen que darle más cantidades e intensidad y pasan de narcóticos sencillos a otros más duros. Estudios de la Universidad de Cambridge en esa misma zona del cerebro confirmaron que el porno desata problemas depresivos, de ansiedad y de concentración, sin olvidar las mencionadas dificultades en las relaciones sexuales.[2]

Si conoces a alguien en una situación como esta, es importante que busques tratamiento, porque hay factores psicológicos y biológicos que atender cuando se manifiesta este comportamiento.

Dividiremos este material en tres partes: conducta, excusas y detonantes.

Para conocer la conducta, hay que comenzar haciéndose ciertas preguntas:

1) ¿Alguna vez has intentado dejar de mirar porno, pero has vuelto a hacerlo?
2) ¿Has creado alguna cuenta falsa o un seudónimo para flirteos digitales?
3) ¿Has fallado en algún proyecto o en un compromiso por dedicar demasiado tiempo a ver imágenes eróticas?
4) ¿Sientes que pasas un tiempo desproporcionado en fantasías de tipo sexual, aunque esto no implique ver porno o practicar la masturbación?
5) ¿Le ocultas a tu pareja que te entretienes viendo este contenido?
6) ¿Vinculas el consumo con otros hábitos como drogas, alcohol o algún otro exceso?

Si hay un sí, o varios, mi recomendación es tomar las pruebas certificadas por los profesionales para saber cuál es la profundidad del daño.

Luego debemos considerar las excusas. Como ya hemos dicho, es común usar la excusa de que es educación sexual. Esta es una descarada mentira; hay videos educativos, extremadamente explícitos, y son bastante distintos. Además de la mencionada, te listo las más frecuentes:

—*Mi pareja no hace nada de lo que me gusta en la cama, debo compensar.*

—*Yo me esfuerzo mucho y merezco darme un gusto.*

—*Unos videítos no le harán mal a nadie.*

—*Todo el mundo lo hace.*

—*Así me entusiasmo y lo disfruto más.*

—Si las usas, la primera tarea que tienes es sacarlas de tu boca. Revisemos:

Otra vez, un sí en algunos de estos es una forma de escapar del problema, es una manera de abrazarte a él.

Finalmente, tenemos los detonantes. En este caso, lo que hay que hacer es identificarlos y eliminarlos. Los detonantes son las cosas que cuando las haces te provoca entrar al porno.

—Cuando me sirvo un trago.

—Antes de irme a acostar.

—Cuando veo fotos de modelos en redes sociales.

—Cuando me siento triste / discuto con mi pareja.

—Cuando siento ansiedad / estrés / frustración.

—Cuando me pongo a chatear con mis amigos.

Lo anterior son solo ejemplos. Cada persona tiene sus propios detonantes. Lo importante es identificarlos y ponerse un recordatorio para no morder el anzuelo. Por ejemplo, si te provoca cuando te tomas un trago, ponle algo a las botellas, un lazo o algo así, para que, al verlo, recuerdes que debes romper el estímulo.

Siempre recomiendo poner los teléfonos y computadores en modo de padre vigilante, que bloquea ciertos contenidos, esto te dará una oportunidad de reaccionar y romper el impulso espontáneo.

Ante cualquier duda, consulta con un profesional.

Con lo sencillo que es conseguir información con la tecnología actual, este vicio está llegando a los niños mucho más temprano y pueden verlo por mucho más tiempo. Aunque no hay estadísticas oficiales, todo apunta a que, aunque sigue siendo principalmente masculino, aumenta el uso en las niñas. La fundación Enough is Enough indica que cada vez son más las chicas que reportan que consumen porno para saber «cómo complacer» a sus parejas; es decir, que reciben su educación sexual de una mentira que, por lo general, las denigra, tal como lo confirma otra ONG, Violence Against Women. Este grupo publicó un análisis de los 50 videos más difundidos en la red, indica que la inmensa mayoría de las escenas contenían algún nivel de agresión contra la mujer, física y verbal. Para mayores males, este estudio tiene más de diez años de antigüedad, cuando solo una ínfima cantidad de jóvenes tenía teléfonos inteligentes.

También se producen actos de violencia internos. Poco se habla del sufrimiento y del dolor de quienes quieren dejar de ver esas imágenes, y no pueden. La abstinencia puede llegar a ser tan fuerte como la que ocurre con drogas fuertes.

Destruimos lo que no valoramos, y así mismo no podemos valorar lo que no sabemos.

Quien entra en este mundo se sube a un tobogán del que ya no puede bajarse, quedan encadenados a las pantallas y los simulados aullidos carnales.

Miles de jóvenes comentan su consumo con tanta naturalidad, que sé que terminarán conduciéndose a un sexo desvinculado, sin compromiso, de usar y tirar, de esas relaciones íntimas con alguien que pasa cerca y nada más, el tipo que mira porno terminará por pedirte «cosas especiales» que han visto escenificadas y de repente el acto de amor queda olvidado, deja de ser un acto que poéticamente empieza por la ternura, por la delicadeza, por la afectividad y termina por ser una orden brusca, sin liturgia, sin romance y con peticiones degradantes. La edad promedio de inicio de consumo es a los 11 años y 25 % de los consumidores son adolescentes, lo que les asegura el mercado desde temprano.

La tendencia creciente de estas prácticas ha dado acceso a una mal llamada inducción afectivo-sexual, donde niños y adolescentes caen a muy temprana edad en la sombra de la industria. Las nuevas generaciones viven una virtual orfandad en sus casas, con padres ausentes debido a los exigentes horarios de trabajo, destrozo de la familia o de las mismas escuelas que se han separado de su función educativa, ante la realidad aplastante de los ambientes digitales y culturales impuestos.

Te muestra unas vitrinas magníficas, pero la trastienda es un desastre. Cada escena está revestida de expresiones, gemidos y embistes falsos. Muchos hombres pierden la confianza porque comparan sus genitales, perfectamente normales, con la visión desproporcionada —ayudada con ángulos de cámara— de los actores. Esto reduce su confianza y deteriora su desempeño sexual. Algo similar sucede con mujeres que se comparan con los cánones de las actrices de la industria, lo que reduce su autoestima y el goce de su cuerpo.

Hacer el amor no es una competencia de tiempo. La duración de un coito sano y satisfactorio es una fracción de la duración de estos videos. El tiempo sobrante debe, precisamente, dedicarse a las fases previas y posteriores, algo que en el porno rara vez se expone. Mucho peor, la estimulación del clítoris, esencial para el orgasmo de una buena parte de las mujeres se presenta ocasionalmente en un material que algunos usan como «educación sexual».

El porno no tiene nada que ver con lo natural, el arte y la delicada hechura del amor. El sexo merece aprecio y dedicación, es algo sagrado; está reservado para un acto divino, por lo que debemos quedarnos con quien nos haga un espacio en su pecho. Quien salta de cama en cama, un día se cae y se rompe por dentro, dejas tu ropa interior en el suelo y junto a ella tu corazón y alma.

Una de cada cinco búsquedas en internet es sobre este tipo de contenido. En 2019, la página PornHub publicó sus resultados; con orgullo mostraron que tuvieron más de 100 millones de visitas diarias, 42 000 millones ese año, una vez y media más que las visitas a Amazon o Netflix.[3] Esta oferta le llega a hombres y mujeres, a niños y adultos, sean cristianos, ateos, comunistas, agnósticos, liberales, indígenas, musulmanes, gerentes de banco, cronistas de sucesos y todos los demás seres humanos con cédula, diplomas, tarjetas de crédito, tengan o no tengan pasaporte.

> **El sexo muere al instante, pero el amor es longevo y profundo, por lo tanto, es peligroso e indómito.**

Esta adicción triplica la posibilidad de divorcios. En más de la mitad de las parejas separadas, una de ellas estaba enganchada. La sexualidad es un lenguaje, en el que se manifiesta el amor comprometido, donde dos seres se hospedan el uno con el otro en lo físico, en donde comprometes lo espiritual, lo biológico y biográfico de tu integridad. El primer paso que debemos dar como sociedad es ser conscientes de la magnitud del problema. El que lo neguemos alimenta su fortaleza.

Yo no quiero que lo veas como una moralina, solo alertar la dimensión de un asunto que pocos reconocen. El consumo de pornografía está alrededor de nosotros, las cifras que hemos visto no salen del aire, vienen de las computadoras y teléfonos de nuestros amigos, hijos, colegas o compañeros de vida. Lo que quiero es que mandes al demonio esta adicción si la tienes, o ayudes a otro a sanarla. No debemos acostumbrarnos a ella. La sexualidad es digna de plenitud, contiene en sí misma una belleza auténtica y divina. La sensualidad, el erotismo y el amor componen juntas la sinfonía de un encuentro profundo y sublime, repleto de significado; la pornografía, en cambio, muestra unos cuerpos desconectados, el choque epidérmico de superficies sin poesía.

Mira el ejercicio de este capítulo y evalúa tu situación. Busca ayuda, no dejes que te dominen la culpabilidad o la vergüenza, porque todos podemos ser presa de este mal. Oriéntate con las palabras de Pedro: «... esfuércense por añadir a su fe, virtud; a su virtud, entendimiento».[4]

El proceso puede ser largo, por eso debes orar con sinceridad cada día, pedirle a Dios la voluntad necesaria para superar esta prueba. Nunca es indigno arrepentirse, ya que la expiación es para todos. Tampoco olvides el poder de las energías oscuras que intentan arrastrarte al vacío. Ten firme tu decisión de ceder a la tentación o huir de ella. No te han vencido, Dios no impondrá desafíos que no puedas superar.

El poder de la oración es indescriptible; nos concede fortaleza para soportar la adversidad y salir triunfantes. Si buscas al Padre celestial en oración, te dará la fuerza para librarte, y al leer la Palabra diariamente, te

> **El temor a Dios es aquello que te hace evitar el error cuando nadie te ve.**

fortalecerás aún más. Si confías en Él y dejas que te lleve, te liberará de las cadenas que te sujetan.

No bajes la guardia, inténtalo mil y una vez más. Cierra los ojos y pulsa el clic de tu corazón.

—Te me caíste del pedestal, Daniel
—Nunca pretendí ser una estatua.
DH
@DanielHabif

Capítulo 12

Las trampas de la xenofobia

La xenofobia es un pretexto para someter. Es así como el ser humano ha permitido que, a través de la exaltación del odio, se cometan atrocidades al prójimo, que es idéntico a sí mismo. Nuestra especie ha usado la crueldad en contra de sus semejantes, ha llegado a desempolvar criterios genéticos para justificar sus brutalidades y ha manchado el nombre de Dios en el intento.

Una absoluta ignorancia ha sostenido esta aversión al «otro» desde el principio de los tiempos. El viento no se alquila, el cielo no se vende, suficiente espacio hay para agitar todas las banderas con empatía, pero aún no estamos listos para esa plática. Las actitudes desalmadas, las sancio-nes e imposiciones contra las trágicas inmigraciones en este mundo supuestamente civilizado; estos tiempos de amargo resentimiento han visto el crecimiento de pequeños hombres que se creen grandes líderes, pero cuyo mensaje desborda las cloacas del racismo, única profundidad donde resuena su eco. Los xenófobos personajes deben ser rechazados y evitar se asiente un futuro que sobre ellos.

La xenofobia se hace más contagiosa durante las pan-demias, es posible que sea una cepa para la que no tenga-mos cura. La crisis global es usada como pretexto para agredir a minorías que, de por sí, sufren discriminación y crímenes de odio, como los refugiados. Solo nos basta nave-gar un par de minutos en las redes sociales para encontrarlo. Es inaudito que se sigan recrudeciendo las estúpidas dispu-tas que se esconden en el delirio cultural, étnico o religioso, pero que en el fondo son parte de intereses del poder polí-tico. Estamos en el ojo de un ciclón perfecto: épocas de incertidumbre, crecimiento de la desconfianza, retorno de las dictaduras. Solemos sentirnos más seguros con lo que conocemos, lo cercano, y por esto pen-samos, ingenuamente, que la amenaza viene «de afuera».

La ecuación es clara: si ellos aumentan el odio, nosotros aumentaremos el amor.

❖

No ha pasado ni un siglo desde que los nazis tomaron el control en Alemania. Este puede ser el ejemplo más repulsivo de la historia contem-poránea y, por supuesto, el que más demuestra cuán peligroso es exaltar los

@DanielHabif

Al otro lado de la mente estás tú.

odios. El populismo encuentra tierra fértil en las crisis económicas y sociales. La ignorancia y el racismo desembocaron en la peor guerra que ha vivido el planeta, con campos de exterminio y el *Enola Gay* soltando el terror atómico.

El desarrollo vertiginoso de las comunicaciones, que pudo ayudarnos a tener una humanidad más unida, ha servido de puente para transmitir los mensajes de violencia y rencor que anidan entre los grupos sectarios, los cuales, de forma casi inmediata, se identifican y se fortalecen como pequeños islotes donde se cultiva la mentira. Ningún argumento justifica la xenofobia. Cualquier apología es despreciable si busca promover la exclusión social, y lo es mucho más cuando usan la palabra de Cristo como aval. Estoy hasta la madre de los que le echan a los migrantes la culpa de los males que ya existían.

Sé solidario, ofrece hospitalidad y, especialmente, cariño. Eso nos hace pensar sobre el desamparo propio; todos tenemos un migrante guardado en lo más interno. No sabemos si algún día nos tocará huir y conocer el éxodo.

Las migraciones recientes han dejado mal parada a la empatía, a la frecuencia espiritual y al grado de compasión que la tierra pide a gritos cada día. Son pocos los que se han dado cuenta de que el éxodo de millones es también nuestra batalla, y en su gran mayoría va buscando mejores oportunidades para sus familias, y que su peregrinar se tambalea entre la vida y la muerte, entre la violencia y el hambre.

La superioridad está en el amor, en la empatía y en la compasión, porque esas son metas sublimes. ¿Qué es el ser humano sino un parpadeo?

No me importa tu estirpe, casta, linaje o alcurnia. Ambos seremos, tarde o temprano, arcilla sepultada.

«Sudaca», «cholo», «mono», «cabecita negra», «fifí», «veneco», «prieto», «naco». Eso arrojan contra los extranjeros, sin hablar de las diferencias en los países entre el norte y el sur, la sierra y la costa, pero principalmente entre los grupos socioeconómicos.

En mi patria, México, hay una bomba de resentimiento que no para de crecer y hacerse más poderosa; tenemos a toda la clase política capitalizando el rencor, sacando dividendos y votos de las entrañas del pueblo. La intolerancia se ha convertido en el quehacer ciudadano que ven la presencia de inmigrantes y extraños como un infortunio. La crisis es un burdo pretexto para las prácticas discriminatorias cualesquiera que sean sus manifestaciones: políticas, étnicas, religiosas o culturales.

Tenemos que entender que el desplazamiento de personas de un lugar a otro, buscando mejores horizontes, no es un problema que se pueda resolver cerrando fronteras o fomentando hostilidades y desprecio. El hambre y la miseria derriban montañas, están por encima de cualquier división.

La educación desempeña un papel fundamental en la construcción de la tolerancia y el respeto ajeno. A fin de cuentas, esta es la medicina para evitar el caos, la mesa donde se sirve la convivencia. Los extranjeros son la llave que abre la puerta de nuestra humanidad.

Ignora el color de una piel, concéntrate en los tonos del corazón.

Nada me indigna más que saber que usan el nombre de Dios para justificar la discriminación. Los corazones en donde Él habita son una tierra en la que el odio no germina.

Dios está aquí, y ahí mismo. No importa a dónde viajes, él te va a recibir.

La xenofobia tiene una cabida precisa en este libro, porque proviene del miedo a lo diferente y desconocido. Adicionalmente, está alimentado por ciertos políticos que lo consideran muy conveniente; avivan el fuego para luego vendernos la manguera que lo apaga. El tema es que este miedo está sustentado en la forma como funciona el pensamiento, es algo que bien saben los asesores de estos dirigentes autoritarios, porque en realidad yo dudo que lo sepan ellos.

Uno de los atajos que toma el cerebro es el sesgo de disponibilidad, que conocimos en *Las trampas de la indecisión*. Como recordarás, esta opera tomando la información más rápida y disponible, de allí su nombre, lo que puede conducirnos por senderos que no queremos recorrer. Cuando necesitas formarte una opinión o al evaluar alguna situación, producto o servicio, tu mente se guía, de forma natural, con los datos con los que puede hacer comparaciones. La probabilidad de que algo ocurra, es uno de los factores que más afecta a las decisiones. El problema es que esa probabilidad está distorsionada, deformada por años de sesgos y prejuicios.

Supongamos que estamos en una ciudad con muchos extranjeros. Los prejuicios y el manejo de la información de quienes los rechazan nos impulsan a tener en mente el vínculo entre la inmigración y la delincuencia. Vamos al centro de la ciudad y alguien nos pregunta si es posible que nos roben; estimamos que esta probabilidad es muy baja, así que no le prestamos atención, pero la persona nos recuerda: «¿Y si nos atraca un inmigrante?».

En ese momento, debido a las campañas de desprestigio, a los prejuicios y a la ignorancia, se activa una relación inmediata, por lo que el cerebro comienza a estimar una probabilidad de ocurrencia mayor a la anterior; se apoya en los recursos más cercanos a su alcance, no necesariamente los mejores. Nuestro sistema de pensamiento pudiera asignarle un mayor peso a la ocurrencia de que nos robe un extranjero.

Como ya hemos visto antes, este es un absurdo matemático, porque es mucho más probable ser atracado por cualquier maleante que serlo por un grupo específico. La posibilidad siempre será menor, no mayor, pero la mente la aumenta debido a la pobre información con la que alcanza ese resultado. Aunque esto ya lo explicamos en un capítulo anterior, quisiera hacer un nuevo ejemplo para que el símil quede claro: supongamos que las últimas veces que has salido a la calle te has encontrado a Martha, una compañera de trabajo; parece que ella y tú tuvieran los mismos gustos porque coinciden con mucha frecuencia. Te pregunto:

- ¿Probabilidad de encontrar a un compañero de trabajo?
- ¿Probabilidad de encontrar a Martha?

Martha es una compañera de trabajo, de forma que si te la encuentras satisfaces ambos criterios, pero si te consigues a Alberto, otro colega, solo se cumple el primero. Es imposible, entonces, que encontrarla a ella pueda ser más probable que hacerlo con cualquier compañero de trabajo, Martha incluida.

No sigamos a los injustos, para que nuestros pasos no tropiecen en su camino.

Visto de esta manera, vuelvo a ponerte en la situación.

- ¿Probabilidad de que te roben?
- ¿Probabilidad de que te robe un extranjero?

Un buen ejemplo de cómo opera la mentira en nuestro cerebro la encontramos en Estados Unidos. En este país la tasa de crímenes violentos ha descendido de forma consistente en los últimos 20 años. Sin embargo, la retórica antimigratoria lo niega porque la realidad no le conviene. Lo peor es que la mayoría de las personas creen que la migración ha incrementado el crimen, porque cada vez que ven la noticia de un asesinato, sienten que la realidad es diferente.

Este pensamiento perezoso que lleva a nuestro cerebro a darle más importancia a los prejuicios que a las estadísticas se convierte, desgraciadamente, en un aliado de la intolerancia.

Todos debemos ser agentes por la defensa del inmigrante. Para ellos hay varias acciones que se pueden emprender. La primera es siempre poner los números en perspectiva: los que atacan a los extranjeros hablan del peso que estos tienen en la tasa criminal, y como ya hemos visto en *Las trampas de la indecisión,* recibiremos muchas más noticias de los crímenes cometidos por los extranjeros que por los nacionales, porque vende más y es más impactante.

No toleres los mensajes negativos: cuando escuches un comentario despectivo, recházalo de inmediato, no lo dejes para después. Pon un límite para que las personas que están a tu alrededor tomen el ejemplo. La mayor parte de las luchas sociales se ganan en las pequeñas batallas, y, en este caso, más que en ninguna otra.

Refuerza lo bueno: conviértete en una embajada del aporte de los migrantes, pero no te centres solo en su contribución a que vayamos al Mundial o a que ganemos el Miss Universo, lo cual es excelente; ocúpate también de las cosas del día a día, de aquello que hace mejor nuestra cotidianidad. Quizás pocos lo conozcan, pero en el desarrollo y concepción de la tecnología del ARNm, que se convirtió en la llave para salir de la pandemia de la COVID-19, actuaron una larga lista de inmigrantes que hicieron vida en los Estados Unidos.

Conéctate con tu propia situación: paradójicamente, los países más xenófobos de América Latina tienen una inmensa población migrante en el exterior. Reforzar esa realidad desarticula o, al menos, mitiga el discurso del odio.

Los inmigrantes están con nosotros porque la especie fue creada para explorar, está en nuestra naturaleza expandirnos. Es por ello por lo que los primeros humanos se propusieron colonizar cada rincón del planeta. Abordamos balsas de tronco y con ellas recorrimos la amplitud de los océanos, a miles de kilómetros de la costa más cercana. Para establecernos en América, a pie cruzamos los glaciales, rompimos las cordilleras y transferimos los desiertos. Tu sangre conserva ese código genético.

Exploramos porque Dios nos concedió la plenitud para que venciéramos al oscurantismo y decidiéramos que en el fin del mundo había un nuevo comienzo, pero hemos olvidado ese pasado y nos creemos intrépidos porque ahora sobrepasamos los límites de velocidad, porque desafiamos las noches en ciudades de cartón o porque sometemos a la gravedad en

Chingón es conocer gente que te haga ver lo que tú no ves.

cabinas de acero. Aun cuando aún no nos hemos embarcado en una verdadera conquista trascendente, no sobre las distancias físicas, sino de los abismos espirituales, seguimos sin colonizar al hambre ni hemos hundido las banderas en el polo de las libertades. Somos una sociedad que se cree mejor que aquellos a quienes rechaza, pero sigue encallada en los arrecifes de intolerancia.

Despreciamos a los que vienen detrás de nosotros mientras reclamamos igualdad a quienes vamos siguiendo. Estamos horrorizados por el racismo de otras latitudes, pero andamos a gusto en nuestros países, donde se sigue discriminando por motivos de color, lengua, orientación sexual, origen y recursos económicos.

Cuando repudies a un exiliado, pondera a Víctor Hugo, que narró *La leyenda de los siglos*. Cuando temas a un desplazado, rememora a Chagall, que le puso colores a la poesía. Cuando te quejes de un desterrado, imagina a Albert Einstein, que hizo malabarismos con el átomo. Cuando le grites a un discriminado, descubre a Bob Marley, que hizo religión con la música. Cuando desprecies a un emigrado, piensa en Sigmund Freud, que descosió los arcanos del pensamiento. Cuando le niegues tu mano a un refugiado, piensa en la familia de Jesús, mientras huía de Herodes. Cuando odies a un migrante, recuerda que tú también lo eres, sea cual sea tu origen.

Los que no reciben al necesitado dan la espalda a Jesús, desobedecen Su palabra y Su ejemplo. Todas las personas han sido creadas a imagen y semejanza de Dios, vivimos en un mundo creado por Él. Dios nos puso a todos juntos, a creyentes y no creyentes, buenos y malos, reyes y mendigos, a ti y a mí, y a todos nos ama con el mismo ardor. Todos compartimos este terreno en común, sobre el que podemos deducir razones para creer que existen puentes que se pueden construir entre unos y otros.

Hubo un viajero universal que nos enseñó a recibir al extranjero, un hombre que viajó, no para huir, sino para rescatar; que no llegó a buscar un refugio, sino a entregarlo. Pablo zarpó para dejar un tesoro allí donde llegaba. Chipre, Anatolia, Listra, Corinto, Éfeso, Jerusalén, Roma. Agotaríamos las páginas solo nombrando sus visitas misioneras. Antes de comenzar sus viajes, Pablo sabía que en tierras ajenas le esperaban decepciones, ingratitudes, miseria, cárcel y martirio, más de lo que cualquier reto de hoy en día pudiera reservarnos y, aun así, lo hizo.

Nunca perdió la actitud en prisiones, naufragios, palizas, pobreza, juicios o debates, entendió que el poder existe detrás de la convicción de morir por un propósito, porque el propósito jamás muere. Los apóstoles se perdieron en suelos lejanos y hubo viajeros que desplegaron sus velas con el amor a la patria y también con una pizca de soberbia.

No pienses que solo lo extraordinario deja huella, porque dejar huella es siempre extraordinario.

✸

En esos viajes, Pablo enfrentó desastres; tres veces fueron volteadas sus barcas. El egoísmo, las rivalidades y los sacrilegios le dieron mayores tormentos que las aguas y los vientos. Contra todo naufragio, en tierra o en mar, él continuó adelante porque contaba con una fe insumergible, fe que no está hecha para pedir, sino para actuar; que no depende de las quietudes porque se fortalece en las zozobras.

A Pablo le podían cerrar todas las puertas, pero él nunca cesó de transmitirnos que Jesús nos trajo la vida eterna.

EXISTE
QUIEN
TE
QUIERE
UN
POCO
MENOS.

Capítulo 13

Las trampas de los *haters*

E l odio es de los extremos más peligrosos al que nos enfrentamos en este momento. La tecnología que nos permite el acceso universal a cualquier persona ha servido para que nos conectemos en una extrema división. Son tiempos en los que el conflicto moviliza más que las propuestas.

Terminamos por convertirnos en una sociedad global que desarrolló la lengua común de la ira, a la que le crecieron dedos como dagas virtuales. Han extendido la amplitud del averno al espacio interminable de las redes; allí reside su menosprecio no solo a quienes los contradicen, sino a los que lucen de otra manera, aman distinto o comen diferente.

El odio está tan presente que nunca hablamos de él. No terminamos por comprender la profundidad que alcanza en cada aspecto de la vida diaria, pero es real, existe y está activo; es fomentado por el miedo a quienes no son iguales a nosotros. El odio cabalga sobre ese miedo exagerado a lo que no conocemos, a la incertidumbre, a que venga un cambio. Estos temores absurdos se han colado en las escuelas, en los hogares, en las oficinas y en las instituciones.

Las redes sociales son el ministerio de propaganda del odio, millones de Goebbels, como hienas jubilosas ante lo descompuesto, desatan su furia digital. Nuestro mundo es un lugar que se va haciendo más inestable emocionalmente, pero, sobre todo, más empobrecido en el espíritu. Las diferencias, que algún día no dieron fortaleza y sirvieron de empuje hacia la innovación y mejora de nuestros entornos, ahora son detonantes de nuestras peores debilidades.

> **Un ayuno de redes sociales es una forma extraña de tener paz.**

La sensatez ha sido secuestrada por el anonimato del mundo digital y la polarización de nuestras ideas. Dejamos atrás los debates con argumentos para enfrascarnos en una riña alimentada con la bilis que salpica de los enconos.

El sentido que le damos a la religión, a la política, a la raza, o todo esto junto, nos divide en los entornos más importantes y fundamentales de la convivencia humana. Este

Lo
que
más
me
gusta
de ti

ES QUE NO TE CAIGO BIEN.

@DanielHabif

desprecio disfrazado se cuela en los núcleos íntimos de la sociedad; quiebra matrimonios, hermandades y compadrazgos. La envidia, los chismes, el orgullo y la falta de autenticidad nos han llevado a escondernos en un don recién desarrollado de enjuiciar a todos menos a nosotros mismos.

Uno de los principales problemas de esta situación de odios es que nos empeñamos en vivir en cuevas donde solo se escucha nuestro eco. En este momento en que hay tantos medios disponibles, seleccionemos cuidadosamente en cuáles creer. Aun cuando pensamos estar informados fallamos en cómo escogemos las fuentes. Por lo regular, no optamos por una alternativa que nos alimente de nuevos recursos, sino por las que nos contaminan más de nosotros mismos.

Hay una tendencia natural a rechazar testimonios que contradigan lo que pensamos: usamos lo que leemos para reforzar nuestras creencias. Esto lo sabemos hace más de 40 años cuando la Universidad de Stanford puso a prueba el efecto del sesgo en cómo asimilamos la información.[1] Esto se puso a prueba con dos grupos de personas que tenían ideas fuertemente fijadas sobre la pena de muerte; unos en contra, otros a favor. A cada participante se le asignaron dos sólidos reportes; uno de los documentos apoyaba la conveniencia de la pena de muerte y explicaba su eficacia; el otro exponía una tesis radicalmente contraria. De esta manera, los miembros de los dos grupos externos tenían un reporte que apoyaba su posición y uno que la contradecía. Los datos eran los mismos en todos los casos, pero los participantes no cambiaron su forma de pensar; por el contrario, la lectura de los estudios vigorizó las creencias que tenían. Los participantes sobrestimaron aquellos elementos que iban en línea con lo que pensaban y despreciaron, por múltiples razones, las conclusiones de la tesis que rebatían su opinión.

Aunque ambos grupos estaban antagónicamente enfrentados, se pusieron de acuerdo en un punto: el reporte que apoyaba su posición era metodológicamente perfecto y venía de una fuente imparcial, el otro, el que contradecía sus ideas, era metodológicamente inconsistente y, para ellos, mostraba sesgos inconvenientes, es decir, todo lo que dicen quienes me objetan carece de fundamento.

Luego de tanto tiempo transcurrido desde estos resultados, seguimos viviendo ignorantes de los mecanismos en los que opera nuestro pensamiento. La humanidad se encuentra en uno de los momentos de mayor división en lo que se refiere al crédito que damos a lo que piensan los otros. Nos hemos acostumbrado a descartar buena parte de la información que proviene de ciertos canales al tiempo que aceptamos sin reserva esa con la que nos sentimos cómodos. Nos hemos acostumbrado a sostener opiniones que no tienen que ver con la confiabilidad, sino en la conveniencia para el apoyo a nuestras creencias.

Abren un diálogo y se convierte en monólogo.

Es de allí que escoger con sobriedad de dónde obtenemos información se convierte en una decisión de elevada importancia, especialmente en un mundo en el que, gracias a la selva virtual, todos tienen opiniones de alcance global. En la medida en la que esto se ha hecho evidente, los líderes autoritarios le han sacado provecho. Hay líderes políticos que, al no tener propuestas, solo pueden obtener votos fomentando el conflicto. Estos se alimentan como los *haters* que expanden su resentimiento, su exclusión y su racismo. Los usuarios de redes sociales, en una sincera búsqueda de libertad, se prestan a difundir las ideas de quienes quieren imponernos el autoritarismo.

Los tiranos se apoyaron normalmente en la censura; hoy, se inclinan más hacia unas acciones que resultan perjudiciales para la democracia: destruir la imagen de quienes los critican o pueden criticarlos. En línea con los resultados de la investigación que acabamos de analizar, ciertos gobernantes han escogido una guerra contra los medios de comunicación, lo que les asegura que sus partidarios mantendrán sus sesgos y descartarán cualquier noticia incómoda negativa que aparezca en estos.

La relación con la información afecta nuestro entorno, pero al mismo tiempo limita nuestra capacidad de tener un pensamiento más abierto. En la última década hemos dejado de discutir por opiniones y nos enfrentamos por cómo vivimos: cada día más enemigos que rivales.

¿Tus redes sociales son alimento o veneno? Si tu *timeline* fuese alimento, ¿lo comerías?

Otro problema con tanto odio disperso en el ecosistema digital, su efecto en nuestro estado de ánimo y cómo nos lleva a una constante conexión con pensamientos que roncan en tono negativo en nuestro corazón.

Las redes sociales son una adicción que hace tener las mismas reacciones de otros comportamientos. La productividad no resiste una interrupción constante para revisar actualizaciones y nimiedades recientes. Quienes dicen que es sencillo desconectarse se encuentran con la violenta batalla entre la concentración y las pausas en las pantallas. No es fácil superar los llamados de la dopamina.

Lo primero que haces al despertar es conectarte con cualquier manifestación de odio, te expones a una cantidad de estímulos que pueden condicionar tu día. Establecer periodos libres de redes sociales puede constituirse en un hábito que aumente tu productividad. De esta manera, además, le dices a tu sistema interno que tú controlas el deseo y que no te vas a desviar del sendero que marca la luz del dominio propio.

En esta oportunidad no te diré qué hacer, sino que te mostraré lo que yo hago con excelente resultado. En mi caso, es especialmente importante porque mi actividad principal es comunicar mi mensaje en estas plataformas, pero soy yo quien las usa, no puedo dejar que ellas me usen a mí. Estas son las técnicas con las que busco balance:

En las mañanas no activo las redes hasta que haya hecho mis tareas fundamentales de inicio.

Las mías son orar, meditar, leer la Biblia, desayunar con mi esposa. Te recomiendo que dispongas estos rituales básicos para arrancar tu jornada.

No duermo con el celular en mi cuarto. Tengo un reloj despertador por separado. Cualquier emergencia la desvío al teléfono fijo.

Programo mi celular para limitar el acceso a las redes. Para esto se pueden usar varios softwares o, en ciertos equipos, la configuración del teléfono mismo.

Desactivo todas las notificaciones, vibraciones, previsualizaciones que puedan distraerme. Me salvo así del terror psicológico de querer saber qué sucede. El acceso a redes es una gratificación inmediata y por eso tiene tanto poder adictivo.

Al subir material relacionado con mi labor, dedico el tiempo preciso para hacerlo sin distracciones. Para ello me apoyo en un detallado plan de preproducción, que no solo evita desenfocarme, sino que contribuye a la calidad del mensaje.

Luego de esta recomendación, aprovecharé para recomendarte que elimines cinco cuentas que no te agradan, no te divierten y que no contribuyen a que seas una mejor persona. Suma cinco cuentas de gente que no piense como tú, pero que manifiesten con sensatez sus ideas.

Es bueno que sigas a quienes tienen una visión diferente. No tienes que cambiar tus ideas, pero puedes establecer lazos con quienes piensan de una forma distinta a la tuya, primero porque eres capaz de comprender los motivos —que no significa compartirlos— y los marcos conceptuales sobre los que reposan sus creencias; segundo, porque comprendes cómo procesan la información, lo que te ayudará a aumentar la perspectiva de tus binoculares, y quizás encuentres tierra donde no la imaginabas.

Vive con la calma que implica ser tú mismo. No es cierto que no nos importe lo que digan las demás personas, en efecto, la autoestima está fuertemente condicionada a cómo sientes que te perciben, pero no por ello puedes dejar de ser tú.

Lo he dicho antes, pero si alguna vez pierdo a alguien por amar a Dios, por tener estándares altos y sueños enormes, por hacer que me rebose el alma, por poner los pies sobre la tierra sin desviar mi mirada de la luna, por amar sin medida, por ser frontal y no jugar al hipócrita, por arriesgarme, por retar y confrontar, por elevar la voz, mostrar la jeta si no estoy de

> **¿Odiar? No tengas tiempo ni espacio para algo tan insignificante.**

acuerdo, por ser fiel a mi identidad y no doblegar mi temperamento, por decir que no, por creer que el pasto es verde solo si lo riegas; si por esos motivos pierdo a alguien, habré ganado mucho.

He decidido ser yo mismo aunque a muchos les moleste. Es que resulta que si aparezco en una fotografía con una mano en un ojo, soy *illuminati*. Si uso aretes o tatuajes, soy apóstata. Si aparezco sin ningún motivo, soy un farsante.

Si me gusta el metal, soy satánico; si me tomo una cerveza, me llaman alcohólico. Si digo groserías, soy un condenado; si oro, puritano. Si me gustan los triángulos, me creen masón. Si me llevo bien con imanes, sacerdotes o rabinos, me tachan de ecuménico.

Cuando abogo por la libertad de los pueblos, me señalan como falso profeta; si defiendo a los pobres, me dicen comunista; cuando confronto a mi presidente, capitalista de mierda. Una foto mía en EE. UU. es porque trabajo en la CIA. Mi amor a otros países de Latinoamérica es porque odio a México.

Si me gustan los gatos, «qué tipo tan raro». Si me gusta soñar, es porque soy un romántico loco. Si me visto con libertad comentan: «Así no se vestía Jesús». Si hablo de la depresión, me exigen un doctorado. Si ayudo a millones, se quejan porque no fueron billones. Cuando como en un buen restaurante, retuitean la foto diciendo que me burlo de los que pasan hambre.

Nada les cuadra, ¡carajo! Nada les cabe. Todo lo ven vacío porque tienen un hueco en el corazón y esa es una rajadura imposible de zurcir. No les importa ser miserables siempre que puedan conseguir otros que sean más pobres. Esta sociedad es experta en juzgar, siempre que no sea a sí misma.

Van a esperar más de ti que de ellos. Van a querer domesticarte, arrancarte lo salvaje y apagar tu furia y tu pasión. Se van a enfocar en todo lo que ellos consideran malo en ti porque no pueden soportar todo lo bueno que tienes. Vivirán defraudados por superficiales, por no saber mirar en lo profundo. Detallarán con morbo tus errores, te mirarán con lupa aunque ellos jamás se expongan al espejo. La viga que les atraviesa el ojo les arruinó el cerebro.

Se enojan porque tu libertad les incomoda. Es bueno que eso suceda, porque así al menos se hacen conscientes de sus cadenas. Estarás en boca de miles, pero no podrán tragarte porque tu grandeza viene de Dios.

No les da la cabeza para comprender qué contradictorio es que terminen poniendo a alguien tan vil como tú en una posición de tan alto impacto e influencia.

Ellos te ven como algo terminado, pero Dios te ve como una obra maestra aún en proceso. La mayoría de las desilusiones están sustentadas en suposiciones, prejuicios y absurdas expectativas. Sé lo que Dios dice que eres, no lo que la sociedad pretenda.

Mi vida está consagrada a Cristo, al único al que le rindo cuentas. Sustenta tu identidad en Él, no en lo que opinen los demás.

Sé un incómodo para el mediocre, para el infiel, para quien simula

Ser quien eres es el éxito más digno que puedes tener en esta vida.

que le importan las ovejas, pero solo se ocupa de cómo suenan sus berridos. Yo decidí ser un incómodo para la comunidad de jueces sin audiencia, para el intelectual que mira con desdén lo que hago. Lo soy, porque hago lo que otros no se atreven. Molesto al mal empujando al bien.

Soy incómodo por sentirme a gusto básico y ordinario, indigno y privilegiado. Lo soy para gobernantes, porque quiero arrancarle la miseria mental a la gente. Lo soy para las celebridades que no entienden que es Dios el que llena las butacas, yo solo le obedezco.

Soy y seguiré siendo un incómodo, y entre más se rían, más grandes serán los hechos.

Espero la redención y adopción de mi alma en lo eterno; es un anhelo ardiente que me mantiene de pie. ¿Viviré lo suficiente? No lo sé, pero sí lo necesario para llegar a la meta, y para cruzarla ardiendo de pasión.

Esto es un grito de libertad a todos los cautivos, por las críticas. ¡Vivan, coño! Arránquense las cadenas porque muchos disfrazan su cobardía de moralidad. No se dejan atrapar por quienes les brota una inquisición renovada de la frustración. Están enojados porque no pueden ser tan valientes.

No busques con lupa lo que puede estar detrás de tus ojos.

Nunca permitiré que la tiranía de las expectativas, de las percepciones y de las demandas ajenas me encadenen. No dejes que te encierren en su paranoia, que te sometan a una culpa que te puede tragar.

Mi voz no está sujeta a las opiniones. Las críticas son un prerrequisito de la grandeza. Dale la bienvenida si saben llegar, pero cuando vengan con odio recuerda que tú te atreviste, y ellos no.

Camina como lo hacen los búfalos, vuela como lo hacen las águilas, ruge como lo hacen en la tribu de Judá.

Yo soy el capitán de mi barco y el mayordomo de mi vida, y si no te gustan mis sueños, ve buscando acomodo, porque aún no has visto lo que Cristo va a hacer con mi pasión y con mi obediencia.

TÚ Y TUS FAUCES DE LUNA HIENA.

@DanielHabif

@DanielHabif

Capítulo 14

Las trampas del narcisismo

E n 1987, John Vasconcellos, un veterano diputado de California, vio hecho realidad un propósito que lo movió por mucho tiempo: su estado aprobaba la Propuesta 3659 que estipulaba la creación de unos Comités de Autoestima.

Esta propuesta fue inspirada por la idea de que una sociedad compuesta de personas con mayor autoestima mejoraría sus indicadores generales de drogadicción, embarazo adolescente, abandono escolar y violencia doméstica, entre otros desajustes. Por su lado, la inversión de crear los comités sería rentable porque el Gobierno gastaría menos en asistencia social, en problemas como la criminalidad y recibiría más impuestos porque la gente con alta autoestima aumentaría sus ingresos.

La gran pregunta del momento era si todo eso era posible solo porque las personas tuvieran un mejor concepto de sí mismas. En realidad, no todos pensaban lo mismo; desde que se firmó la propuesta, los medios la recibieron más críticos que entusiastas. Sin embargo, poco a poco, las opiniones fueron cambiando, la idea fue ganando apoyo y recibió el impulso de la cada vez más influyente Oprah Winfrey o del entonces prometedor gobernador Bill Clinton. En general, había un consenso nacional de que las personas con mayor autoestima tenían mejor desempeño escolar y laboral, producían más dinero y gozaban de ventajas en otros aspectos de la vida. Como contraparte, los de indicadores bajos se embutían varias de las causas que conducían al crimen, a los fracasos y a las crisis.

Tú eres lo que Dios dice que eres, no lo que el hombre dice que eres.

Quizás resulte extraño leer esto de mí, pero esta propuesta terminó quedando sin sustento. Luego de muchas investigaciones, incluidas la de profesores de Berkeley, que inicialmente apoyaron la propuesta, demostraron que la baja autoestima no tiene relación con los aspectos más negativos que se le atribuían.[1] El paso siguiente no era difícil de adivinar; no tardó mucho en revelarse que una elevada tampoco conducía a resultados superiores. Entonces, ¿es mentira que la alta autoestima tenga relación con el buen desempeño? No, no lo es. El asunto es que, por tiempo prolongado, se confundieron las causas con las consecuencias, se cayó en *correlaciones ilusorias*. No somos exitosos porque tenemos

El príncipe que rescató
a la princesa se llama
AMOR PROPIO.

alta autoestima, esta viene de lo bien que nos hacen sentir nuestros actos. La autoestima proviene de nuestras acciones, no al revés.

Aunque el ejercicio de la motivación pueda sonarte —y ciertamente muchos lo han abordado así— como una válvula de hinchar el ego, son las acciones, más que los mantras de autoafirmación, los que te conducen a los mayores éxitos.

Con esto no estoy diciendo que se debe abandonar la promoción de la autoestima; todo lo contrario, lo que quiero es que no dejemos de lado a la acción. Debemos inflar el corazón de las personas para que se sientan mejores con ellas mismas, pero también para que tomen decisiones firmes que refuercen esa sensación. Nos han enseñado a abordar este tema solo con frases de afirmación; nos han dicho que debemos estimular en los niños la idea de que son los mejores, pero hemos dejado de lado enseñarles a actuar.

Creerse grandioso sin haber actuado no es más que narcisismo.

❖

Si nos enfocamos en inflar los egos como única aproximación para ser mejores, solo podremos producir una camada marcada por el narcisismo, que conduce, tarde o temprano, a la envidia, al odio y a la crítica mordaz.

En 2017, investigadores holandeses hicieron un estudio con niños entre siete y once años en el que se concluyó que los padres que mantienen elogios exagerados como una manera de aumentar la autoestima de sus hijos no terminan produciendo, a la larga, ninguna mejora concreta en estos.[2] Más allá, los niños pudieran tender a desarrollar rasgos del narcisismo. Mucho cuidado con los conceptos, porque narcisismo no es tener una estima desproporcionada; hay personas de ego elevado que muestran baja autoestima. El narcisismo consiste en sentirse superior a los demás y en el deseo desmedido de recibir admiración.

Tampoco podemos confundir este concepto con la autoconfianza, que es una convicción de que se pueden lograr ciertas tareas. Una falla en nuestra autoconfianza se va a reflejar en las emociones porque nos abordarán las sensaciones del miedo. ¿Cómo podemos resolver los miedos si no somos capaces de definir lo que pasa dentro de nosotros? La falta de confianza retumbará en el sistema límbico y percibiremos las consecuencias, como la sudoración, el aumento del ritmo cardíaco, el temblor en las manos. Son sensaciones que podemos determinar y, en efecto, medirlas. La autoestima, por su parte, es un sentimiento, que viene de la interpretación de las emociones.

Los narcisos solo están felices cuando hay admiración sobre ellos; si no la reciben asumen una posición hostil hacia el entorno y corren el peligro de encontrar esa afirmación en cualquier grupo social, aunque para ello tengan que recaer en acciones contrarias a sus principios, algo que volverá a afectar su autoestima. Se sienten en el tope del mundo, y si no pueden subir, lo único que les queda es hundir a los demás. Esto es lo que debemos pensar cuando nos llenamos de palabras sin apoyarnos en lo que hacemos. Es algo que debes tener en cuenta en la relación con tus hijos: está muy bien que se pongan acentos en los adjetivos positivos, pero no puedes dejar por fuera que se ejecute el verbo.

El promedio de las pruebas psicológicas sobre autoestima ha mejorado considerablemente desde que se popularizaron acciones como la del parlamento californiano, pero ¿crees que somos mejores aunque tengamos calificaciones más altas? Los índices de autoestima han mejorado con el tiempo, pero seguimos sin cambiar radicalmente la escolaridad, las relaciones de familia o nuestra vocación social. Las pruebas nos están diciendo cómo creemos que somos, pero hablan poco de nuestros logros.

Hago una pausa para llamar tu atención sobre la importancia que este punto tiene en el liderazgo. Así como hay padres que sobredimensionan los halagos en búsqueda de aumentar la autovaloración de sus hijos, hay líderes que, con buena intención, caen en el mismo error: se deshacen en halagos independientemente de su conducta, de la curiosidad y o de la actitud de sus empleados. Una empresa que fomenta el narcisismo atrae gente que antepone los artificios al logro, que es incapaz de asumir riesgos y que vive en confrontación vehemente con la crítica. Aunque no es el objetivo principal, haz las analogías que sean necesarias para tu empresa, y verás cuántas coincidencias hay.

Si te consideras un diamante, entonces, aceptarás vivir bajo la presión de serlo.

Tras el *boom* de los ochenta explotaron las revisiones de este tema, entre las que se destacan la de Sheldon Solomon, que la explica como una respuesta a nuestra naturaleza finita.[3] Mark Leary propuso una teoría que es más concreta y que cuando la leí rompió por completo mis conceptos previos sobre el tema.[4] La alternativa de Leary se llama *Teoría sociométrica* y la explica como una acumulación de resultados positivos desde la valoración externa.[5] De esta forma, nuestra autoestima aumenta o disminuye en la medida en la que entendemos que somos aceptados o rechazados por los grupos con los que mantenemos vínculos.

Leary confirmó su teoría en una serie de estudios entre 1995 y 2004. En uno de ellos creó una trama en la que se hacían grupos de trabajo. A unos participantes se les hacía creer que habían sido elegidos de primeros debido a sus atributos, mientras que a otros se les hacía que habían sido rechazados por sus compañeros. Las percepciones de autoestima resultan afectadas en los casos de rechazo.

Yo sé que este es el momento en que dejas la lectura y dices, «No jodas, Daniel. Mi autoestima depende de cuánto me valoro, no de lo que otros piensen de mí». Pues tú también tienes razón, lo que sucede es que los criterios personales están ligados a una referencia externa, aunque esto sea un elemento inconsciente. La respuesta también ha pasado por laboratorios y los resultados de que la autoestima está íntimamente relacionada con la aceptación es consistente incluso en quienes juran que son inmunes a lo que piensen los otros de sí mismos.

La mecánica que esta teoría propone es como si ganáramos puntos por cómo pensamos que nos evalúan los grupos de interés; no por la evaluación real, sino como creemos ser evaluados. Esto tiene sentido con lo que hemos visto en los capítulos anteriores: los seres humanos tenemos una necesidad evolutiva de aceptación social. Puedes seguir insistiendo en que no te afecta lo que otros piensen, pero la autoevaluación la hacemos sobre aspectos que nos llevan a la integración.

Si vemos esto a la ligera, se pudiera pensar que es una invitación a hacer lo que los otros quieren más de lo que quieres tú; no tiene nada que ver con eso, sino con el hecho de nos hace sentir bien actuar de forma correcta. Pero si nos sentimos rechazados, se resiente la autoestima y, como es de esperar, buscamos rupturas con lo que esperamos para abrirnos paso a grupos en los que la aceptación es menos rígida. La idea no es que te comportes como la sociedad espera que lo hagas, es que sepas que la aceptación o el rechazo afecta tus «puntos» de autoestima.

Como hemos visto. Hay varios factores en juego cuando estamos frente a nuestras evaluaciones. La primera es cómo sentimos que estamos haciendo las cosas, la segunda cómo nos sentimos evaluados —lo que es una percepción— y finalmente, la importancia que tiene para nosotros ese aspecto. No todos los ambientes en los que nos desarrollamos son iguales; tu desempeño intelectual puede tener más peso en el ambiente laboral que en el familiar.

Los dos primeros elementos son arbitrarios, es decir, no tenemos un valor concreto, sino una creencia; aun así, podemos establecer ciertos criterios; si quisiera evaluar mi desempeño en la comunidad de la iglesia tengo que colocar acciones concretas que van desde ausencias constantes a participación en los programas sociales y misioneros.

La autoestima se mide con diferentes instrumentos. El más conocido de todos fue realizado por el psicólogo Morris Rosenberg y es una escala simple a una serie de preguntas sencillas.[6]

Esta prueba la puedes hacer en internet, hay diferentes plataformas que la contiene. Si quieres hacerla completa en línea, te recomiendo que dejes este ejercicio y vayas a hacerlo. Si lees primero este texto, las pruebas que hagas en línea perderán su relevancia porque ya conocerías el instrumento.

La evaluación intercala sentencias positivas y negativas, pero para este ejercicio las igualaré, con el permiso del doctor Rosemberg.

Con el perdón de los chicos, las formularé en femenino. Ustedes cambien las frases para leerlas en masculino.

- Pienso que no soy una persona de valor, no estoy al nivel de otros.
- Siento que acumulo varias cualidades negativas.
- Al final, tiendo a pensar que soy un fracaso.

- No puedo hacer las cosas tan bien como la mayoría de las personas.
- Creo que no tengo demasiadas cosas de las que estar orgullosa.
- Tengo una actitud negativa hacia mí misma.
- En general, estoy insatisfecha conmigo.
- Quisiera poder respetarme más.
- A veces me siento realmente inútil.
- Algunas veces pienso que no soy buena para nada.

Vas a tomar todas las preguntas con las que respondas de forma afirmativa. Si no hay ninguna, tu autoestima no tiene ningún problema, pero si hay tres o más revísalas y haz una justificación sobre por qué piensas eso. Por ejemplo, supón que escoges: «Al final, tiendo a pensar que soy un fracaso», justifica que realmente es así y explora los motivos:

- ¿Por qué sientes que eres un fracaso?
- ¿Cuáles han sido tus últimos fracasos?
- ¿Qué porcentaje de fracasos has tenido?

Luego de un análisis de los motivos —que quizás sean una percepción— responde cómo crees que lo harían las personas que más te importan. ¿Estarían de acuerdo contigo? ¿Qué crees que te dirían para hacerte cambiar?

Entre más nos encerramos en el narcisismo más nos hundimos en nuestras inferioridades. Regálame unos minutos, porque quiero hablar acerca de un asunto que no puedo dejar de retratar y observar. Y es esta extraña obsesión por tener un cuerpo escultural, de estándares absurdos, de belleza occidental.

Las figuras delineadas están bien, son bellas, dignas de observar, provocan deseo, consolidan el placer, pero lo que en verdad embellece un cuerpo es el alma que lo sostiene. Que lo hace resplandecer en una envoltura entera, aquello que abrillanta la mirada, que lo hace magnético, atractivo y en conjunto se convierte en una obra de arte. Así un paisaje en esta obra tenga montañas pequeñas y curvas cortas.

Hay quienes alzan un peso extremo, pero no logran levantar su autoestima del suelo.

Pensarás que soy un romántico, un idealista, que el mundo no piensa así. No por eso dejaré que las cosas continúen de la misma forma. Admiro a quienes tienen sus cuerpos tallados tras años de arduo entrenamiento; lo han logrado con la motivación correcta, son monumentos de su tenacidad. Me preocupo por quienes necesitan un cuerpo como estos para que sirva como certificación, no los moviliza lo que ellos quieren hacer de sus figuras, sino lo que otros esperan de estas.

Quien dijo un «Te amo» por un cuerpo, lo que quiso decir es: «Me quiero acostar con tu carne», es un «Te amo» artificial. Esto es peor cuando el deseo se produce no solo por la belleza, sino porque garantiza reconocimiento social.

Un día nos despertamos creyendo que ese cuerpo es lo que necesitamos para estar completos, para ser exitosos, para ser amados, para alcanzar la élite. Desear un mejor aspecto está bien, es comprensible, yo también quisiera uno mejor, pero si esta es una obsesión que te desvaloriza, debes buscar cómo llenar ese vacío. Todo lo que necesitas lo llevas por dentro: no te hace falta una cintura más pequeña, no son indispensables unos labios más jugosos, tampoco esto, tampoco aquello. En cada comparación afloran los naufragios. Nos maquillamos las ojeras de tanto llorar, pero nadie puede maquillar una mirada que clama por aceptación. Podrás ponerte unos 40C, pero el hueco en el pecho no habrá quien lo llene.

Nuestro estado interno es como el de una casa cuyo interior reserva gritos y lamentos, pero que nadie los escucha porque quedan detrás de una hermosa fachada. Por eso, oro para que, seas quien seas, sin importar tu género, ideología o edad, tengas un cuerpo que pueda cargar a sus nietos, un cuerpo que pueda subir la cuesta de una montaña junto al amor de su vida, un cuerpo capaz de sostener el abrazo de tres hijos al mismo tiempo, un cuerpo que soporte el frío de una temporada de dolor, un cuerpo disponible para andar y andar, un cuerpo que trepe por un coco, un cuerpo capaz de subir las escaleras a los 90, un cuerpo que pueda llevar una silla de ruedas, no caer en ella. Espero que tu cuerpo pueda amarrarte las agujetas, que pueda ser una antorcha y dé calor, un cuerpo lleno de llagas por las aventuras de la vida y no por las cicatrices de un bisturí, un cuerpo que sonría por dentro y sus ojos sean luceros; un cuerpo, un cuerpo a lo mejor no de portada, sino recio y longevo, un cuerpo equilibrado, integral, sano y estable, y si de paso logras todo lo escultural, el canon de la estética, te felicito, porque has hecho lo suficiente para elevarte a lo extraordinario.

Nadie puede aspirar a tener salud mental y física sin antes haber limpiado el corazón y el espíritu.

Dentro de ti es donde burbujea la energía que sostiene al universo. Tu belleza es tan sublime que los imbéciles no pueden verla. ¿Quién dice que las estrías opacan tu belleza y le roban letras a la joya que eres? Insensato el que pidió que ocultaras tus caderas anchas. Ciego el que te avergonzó por la forma de tus senos. Perdida la que no encontró la belleza en tus arrugas y gozo en tu voz cansada. No necesitas cambiarte nada, reducirte nada ni aumentarte nada. Eres más que una opinión, más que un estándar, más que una foto retocada. Eres bastante más que una imagen.

> **Ama a tu cuerpo por lo que hace por ti, no por lo que otros desean de él.**

Así que ámate. Ámate tanto, acéptate tanto, que no dejes espacio para las dudas.

Eres más que un cuerpo. Te elevas mucho más allá que la carne.

-Me gustan los espejos
porque no disimulan.

DANIEL HABIF

Capítulo 15

Las trampas de los manipuladores

Los manipuladores son mutantes que viven en constante transformación de personalidad con la única intención de desestabilizar a sus víctimas. Usan las emociones tóxicas para contaminarte y luego dominarte a través de inyectarte sentimientos de culpa.

De esta forma te llevan a su terreno, te dividen por dentro, usando su constante inestabilidad emocional, haciéndote creer que tú eres quien está mal y que por eso no los entiendes. Los reconocerás porque no pueden evitar soltar frases como «Oye, no me estoy justificando», «Tampoco era para tanto». Hechiceros de la infamia, convierten la saña que supura de sus intrigas en un vidrio que te lastima, como si hubieses sido tú quien los ofendió cuando vinieron a embestirte. «Perdóname, no debí decirlo» te lanzan antes de cerrar la puerta, en la que dejan una factura colgada para que tú la pagues.

Te hacen perder el norte para sacarte de tu extravío diciendo que ya no eres como ayer. Querrán estar contigo mientras no les lleves la contraria, solo si piensas como ellos y siempre que puedan hacer una versión cómoda de ti.

Identifica a los manipuladores, son esos que te exigen que los esperes si te adelantas, porque ellos insisten en ser los mismos de hace veinte años atrás, y como arrastran el pasado, les cuesta caminar. Tu avance es para ellos una ofensa irreparable. No puedes cargar con rémoras que se frustran si el sol no vuelve a salir por la misma perspectiva. Si eres igual que ayer, la vida ya te lleva ventaja. Mientras lloras, otros ya se te adelantaron. Mientras te quejas otros lo están logrando.

No quiero ser el mismo de ayer, prefiero ser mejor.

Deja de escuchar a los que no quieren crecer y te atan a su propio ser. La forma más exacta de argumentar en la vida son los hechos, estos dotan de verdad a tu palabra.

Los manipuladores tratarán de convencerte de que sin ellos no podrás llegar a ningún lado, pero su meta es quedarse en el mismo lugar. Si los escuchas, tú seguirás sin moverte; ellos tampoco lo harán, pero esa será su meta.

También soy morada
de mi sombra.

@DanielHabif

Es por eso por lo que debes avanzar. Hazlo aunque eso implique perder a ese amigo, pareja o socia que quiere congelarte el andar.

Siempre existirá alguien que nos decepcione y a quien nosotros decepcionaremos; algunas veces esperamos más de otros que de nosotros mismos. Claro que será triste ver quiénes se van porque no piensas como ellos, se defraudan solos y así terminan viviendo su vida: dolidos y ofendidos sin que nadie les haya hecho nada. Les ofende tu vida, tu caminar, tu mirada, tu voz, están tan carentes de estima, y por falta de victorias propias buscan hacer fracasar a otros con sus críticas, juicios y condenas.

Jamás le exigiré a nadie que piense o crea como yo, pero tampoco dejaré de defender aquello en lo que creo. Si mi pensar cambia, sabré rectificar y aceptar que estuve equivocado.

La presencia de una persona en el pasado no justifica que le guardes asiento en tu futuro. Así como dejamos de seguir a personas en las redes sociales porque sentimos que no nos aportan, con más razón deberíamos hacerlo en la vida real. Lo mismo debemos hacer con los que no confían en nosotros, de quienes, aunque esperamos, no recibiremos lo esperado; estos son sicarios emocionales que nos acorralan con sus expectativas. No hay culpa en romper la cadena de la manipulación cuando se hace consciente el acto de minimizarnos.

Los manipuladores le son fieles a su conveniencia, no a tu amistad.

Avancemos hacia personas que edifiquen nuestra vida de forma genuina, nutriendo con verdad la integridad. Avancemos hacia los que saben fortalecer nuestra confianza y al mismo tiempo remarcar un error con amor y generosidad. Es menos complejo construir una relación con quien comparte nuestras causas.

Si te alejas de los manipuladores, estarás con la gente que apuesta por ti y que está pendiente de tu éxito. Si yo les preguntara a tus amigos cuál es tu pasión, ¿qué me dirían? ¿Tienes seguridad de que lo sabrían? ¿Sientes que están dispuestos a remar contigo aunque venga un tsunami en contra?

También habría que preguntar qué has hecho tú para que se sepa. ¿Has sabido transmitir lo que deseas?, ¿has mostrado realmente dónde están tus pasiones?

No todas las personas pueden medir sus fortalezas intangibles. Si este es tu caso, pregúntate, ¿sobre qué me piden consejos?

Cuando alguien llama para pedir tu recomendación, ¿de qué se trata? Hay personas a las que pido que revisen lo que escribo; a otras, cómo visto. Son diferentes entre sí, pero todas tienen niveles de maestría en ciertos aspectos y eso indica unas destrezas que quizás no saben aprovechar. Si descartas las preguntas que te hacen por tus estudios o tu experiencia laboral, ¿sobre qué temas suelen pedirte consejos?

Ahora dime, ¿sobre qué pides opinión? ¿En cuáles áreas sientes inseguridad y acudes a otros? ¿Requieres apoyo sobre el manejo de inversiones o te preguntan a ti? ¿Consultas situaciones de tu vida personal o eres una fuente de sabiduría en ese aspecto? Esa es una buena forma de encontrar fortalezas que ahora desconoces.

Excluyendo lo que tiene que ver con tu profesión, escribe una lista de cosas para lo que la gente te pide opinión y luego descubre por qué, mira si tiene que ver con tu capacidad de organizar, tu visión crítica, tu inteligencia emocional o por una combinación de estas y otras virtudes. Define esas habilidades como fortalezas en tu mapa personal.

La amistad es el antídoto a los manipuladores que se cuelan sigilosos en nuestros afectos, caballos de Troya cargados de envidia y de resentimiento. La amistad es la pieza concluyente de la creación, es el giro que perfecciona la naturaleza, porque saca lo mejor de las virtudes con las que Dios nos moldeó: albedrío y amor.

Amigo mío, agradezco tu generosidad, tu sentido del humor, tu piedad; lo hago porque forman parte de tus virtudes, tus rasgos nobles. Me sorprende lo amplio de tu corazón, tu elevada honestidad, tu solidaridad que no busca razones, tu compromiso dibujado de acciones.

Honro en verdad cómo nos hemos respetado y cuidado durante tantos años. Tus hechos demuestran la fortaleza del lazo que sostiene la generosidad a la robustez de tus ideas. Has sido un regalo para mi vida y sé que Dios continúa teniendo un propósito al mantenerte a mi lado, justo donde te necesito, en los golpes que propina la tristeza y la sacudida con que arremete la alegría.

Me has levantado el espíritu con tu presencia y celebro lo que hemos construidos juntos. Todo el tiempo que he pasado en tu compañía, el que me has dado porque querías, aunque no te sobrara, cuate, pana, güey, parce, pibe, tío, weón, che, asere, carnal, entraña, causa, hermano.

Gracias por impregnarme de fuerza con la gracia irrepetible de tu compañía. Es que tenerte como amigo es un hermoso presente que Dios me ha dado; quiero que nuestra conexión espiritual sea cada día más real. Sigamos superando las barreras del egoísmo, que es el mejor camino para hacernos sabios, tanto como para quedarnos en silencio cuando sea necesario, sin tener que pedírnoslo.

Que la reciprocidad siga siendo el aspecto clave para permanecer en contacto sin hacer preparativos, ensayos ni bosquejos. Eres más que depósito de mi confianza, eres bálsamo para lo intangible, remedio para el alma. Cuando estoy contigo mando a volar al miedo, y me encamino a la batalla.

Agradezco poder intercambiar sueños contigo, pensamientos, zozobras, ideas, amarguras. Aplaudo que hayamos podido sobreponernos a las diferencias, casi tanto como que estas hayan aparecido. Te extrañé profundamente mientras

La amistad es una decisión que hace que la vida valga la pena.

estuvimos enojados, pero estoy contento de saber que lo hemos superado, porque tengo mucho de ti en mí.

Te prometo cuidar lo que valoras y a lo que ames, porque quien te quiere a ti me quiere a mí, y yo me quiero queriéndote.

La amistad hace que la existencia sea digna y nos enseña a afrontar con serenidad las dificultades; nos ayuda a surcar los mares del miedo, de la tristeza. Cuando es verdadera, suele ser un diamante forjado en la paciencia.

Echarnos al rumbo acompañados solo por nuestra naturaleza es demasiado angustiante; fue por eso por lo que Dios creó la fórmula de escoger hermanos, y con ella la del tesoro de la hermandad. La amistad aumenta el gozo, porque lo compartido sabe mejor junto a un amigo: una buena película, una comida, un vino, unas lágrimas, la risa. Un problema gana claridad cuando se comparte, se ve con todas las gamas de color lo que estando solos aparece entre nieblas.

Decir «amiga», decir «amigo», es elevar a una persona a la distinguida posición que muy pocos llenan. Lo es más porque si nos quedamos solos caemos en las condenas que nos rodean. Sin su soporte nos doblamos bajo el peso de la ansiedad y se hace pesado nuestro paso. Han querido enseñarnos que no son más que relaciones en las que se hace mucho el uno por el otro, donde te llenas de elogios y de devociones insustanciales, pero la amistad se muestra en la diferencia y en la lealtad cuando estas aparecen. Quien le pide perdón a un amigo, le hace un bien al mundo.

Permíteme darte una recomendación: busquen unir sus afectos con el poder de Dios. La esencia primaria del compañerismo es el amor forjado en el fuego de una convicción y está blindando en la voluntad del Altísimo. Es que Él es quien enlaza los destinos de las personas que serán leales, y enfatizo que hablo de «leales», nunca quise decir «perfectas». Los lleva a ese nivel donde la camaradería y la fidelidad alcanzan el más alto estándar de compromiso y de entrega para que lo divino proteja la confraternidad cuando lleguen los momentos de conflicto.

Necesitamos amigos, los necesitamos para que nos muestren firmemente los errores, sin barnices ni cortinas, para que descubran nuestros puntos ciegos, para que nos impidan mentir o perder la compostura. Los necesitamos para que se dirijan a nosotros con honestidad radical —sin perder la compasión y la ternura— para decirnos la verdad, porque las palabras de un amigo no son halagos de inspiración superficial.

Nuestros compañeros de sangre están enfocados en el peso, en el significado del propósito de su unión celestial. Estos no son acuerdos pueriles o protocolos sin sentido.

Los amigos más valiosos cumplen en el pacto divino en la tierra, consiste en alegría y en gozo, con frutos y hechos. Los auténticos compinches toman ventaja de nuestras debilidades para acercarnos al amor eterno. Justo por eso están dispuestos a protegernos, a intervenir si es necesario, a ayudar, aun cuando no hay remedio. Los verdaderos amigos no solo están dispuestos a cargarte un día para que veas mejor

Los verdaderos amigos no te hablan de Dios, te llevan a Él.

el juego, de ser necesario, te tendrían la temporada entera sobre sus hombros.

La amistad verdadera supera las costumbres y los defectos humanos. Es un don sobrenatural, un regalo suave y fresco, la joya y el fruto del amor puro sin egoísmo y sin envidias.

¡Bravo por esos amigos! Por los que nos ayudan, que nos motivan a mejorar nuestra vida espiritual. Un amigo jamás te alejará de Dios, y si lo hace es para ver cuánto tardas en regresar a Él. Si tardas demasiado irá a buscarte para ponerte nuevamente en el buen camino.

Los amigos edifican la confianza en las buenas y en las malas, con la seguridad de que nadie esté exento. Si tienen algo en común es que ninguno de los dos es perfecto. Pueden separarse, pero la amistad jamás lo hace. Si un día aparece una distancia, si toca seguir caminos distintos porque así fue dispuesto en la compleja costura del vivir, no dejes de ser consciente de sus necesidades. Cerca o lejos, ora por ellos, ora para que Dios comprima las ausencias y los mantenga cerca.

Puedes tener pocos amigos, pero agradéceles cuánto valen. Llámalos y escríbeles para decirles cuánto los amas y lo mucho que aprecias lo que te han dado.

Mis compas han sido el pilar de mis primeros encuentros con la vida. Se hicieron mis hermanos cuando me hacía falta con quién charlar en las primeras noches oscuras que pasé fuera de casa. En esas ocasiones dudaba si al día siguiente encontraría un despertar. No estaba seguro de cuánto podía alcanzar ni de qué me esperaría en la esquina siguiente. Hice amigos que tenían grandes sueños; unos querían romper las jerarquías y otros crear las suyas. Tuve compañeros brillantes, capaces de jugadas transformadoras, pero que no querían más que la calma de un hogar con un perro en la puerta. Otros, en cambio, abandonaron sus casas para ir a aprender la lengua de los lobos.

Juntos nos perdimos entre cervezas calientes y barrios bajos, en calles estrechas y piernas insospechadas. Aprendí con ellos y de ellos; bebimos, reímos, lloramos. Compartimos tatuajes de las hazañas que así lo ameritan, conocimos las ciudades desde sus aceras, dormimos en las banquetas y volvimos al puerto, trastabillando por lo vivido. Nos regalamos albores en las interminables noches del solsticio, la carcajada que ahuyentaba la pesca, los mapas trucados que no conducían a ningún otro tesoro que el tiempo compartido. Y, como nos conocíamos bien, nos ofrecimos a tiempo la dosis justa de soledad.

Pero mi mejor amigo de esos días de juerga fue Jesús, en su calma generosa reposé cuando la agitación de las olas me hizo dudar, en su firmeza sequé mi uniforme mojado con las heladas aguas de la noche, en su bondad hundí los impulsos de revancha. Él resistió una esponja empapada en vinagre para que a mí no me quemara la sed en las guardias al sol; padeció escalofríos y temblores para que yo pudiera sentir una tibieza frente a los glaciares.

Jesús me fue mostrando en las palabras, en las discretas pinceladas de la flor del viento, en la

Si deseas conocer los regalos del futuro, no navegues con quienes te anclan al pasado.

❄

299

llovizna esperada o en el salto temible de la ballena. Jesús fue mi amigo para que amainaran mis dudas, para que arreciaran mis certezas. Lo vi caminar sobre el agua y ayunar en las arenas, me hizo soltar la pesada roca de la soberbia. Cuando tuve hambre, me hizo lanzar un anzuelo, y pesqué una moneda que me quitó la pobreza.

Luego de hablarle a la multitud, Cristo pidió a Sus discípulos que levaran anclas y partieran. A mitad de la noche estalló una salvaje tormenta que agitó la nave como si no tuviera peso. Los hombres lo despertaron, alarmados, temerosos, con una fe quebrada por la violencia del oleaje. Jesús los mandó a callar a ellos y a la tempestad, que se apagó hasta ser un silbido sereno. Como entonces Sus discípulos, aún hay muchos que no han entendido que tenerlo en su barca asegura llegar a buen puerto, que aferrarse a Su presencia da más firmeza que el más grueso de los cabos y que Su soplo arrastra más que todas las velas.

En la piel llevo marcado este evento, tal como lo concibió Rembrandt porque me recuerda que los capitanes se hacen en la tormenta, pero que ni la peor tempestad sería más que un leve rocío si navegas al lado de Jesús.

Si Él va conmigo mi barca está a salvo.

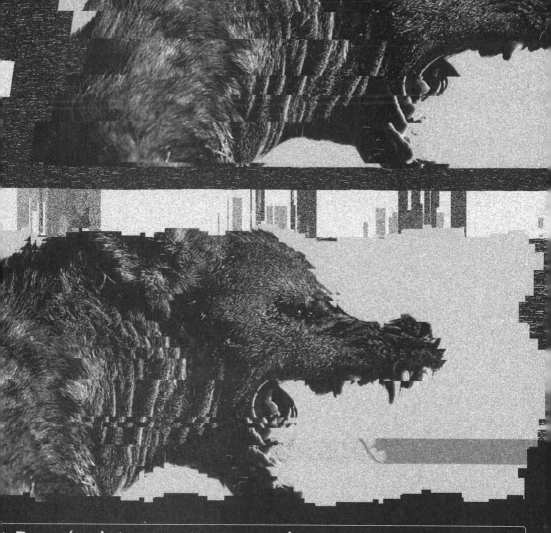

Parecías interesante, pero solo eras

INTERESADO.

PAUSA PARA REFLEXIONAR:

LA COBARDÍA DEL PRECIO

Quien negocia con hambre, se queda con las migajas. Habrá ocasiones en las que no nos quede opción, es natural, pero no debe ser la constante. Sé que puede parecer petulante o insensible, pero el mundo no te ayudará a saber tu valor; todo lo contrario, las estructuras están diseñadas para desvalorizar el aporte de tus talentos. Así como algunas veces puedes mostrar disposición a bajar los precios habrá ocasiones en las que tendrás que decir que no.

El asunto es que no siempre sucede así, por lo que debes ser inteligente y ceder si hay clientes que quieren *crap*, no *craft*, aunque debes saber que esas no son relaciones que haya que alimentar. Te va a costar; te aseguro que vas a necesitar de fuerza de voluntad y resistencia para no quebrarte ante la necesidad, pero hay situaciones en las que será necesario cotizar tu valor al alza.

Me dirás que no debes elevar tus pretensiones, que estás manejando los rangos máximos en tu sector. Pues si tu precio es el máximo que te permite la industria, cambias la industria o dejas que te trague: muta o sé devorado. Recuerda que cuando negocias puedes discutir los montos, pero jamás el valor.

No todo está en el precio recibido; algunas veces los proyectos aportan una compensación más que monetaria: hay aprendizaje, relaciones y prestigio. Así como tu labor contribuye, hay relaciones que son una utilidad en sí mismas. La satisfacción es otro criterio que no puedes dejar fuera de la ecuación: hacer algo que te apasiona y con gente que te hace crecer son otras variables que debes despejar.

La vida va más allá que llegar al final de mes con las facturas pagadas. ¡Qué fácil es decirlo, pero requiere vencer un cúmulo de miedos para conseguirlo! Ningún acto heroico es sencillo; las transformaciones implican dolor. Decide emprender para que tu título no sea más grande que tus ahorros.

En todo negocio la cantidad debe estar detrás de la calidad, y debe ser esta la roca con la que afiles tus estimados de precio. Ante cualquier paso, primero van tus convicciones y después tus conveniencias. No te dejes abrumar por pretextos absurdos. Aceptémoslo: hay servicios que hasta regalados salen caros.

No te conformes con un trabajo que solo satisfaga tus necesidades primarias. No te dejes abrumar por el mercado; tendrás que comer polvo y fletar algunos tropiezos. Fija el día de hoy como el inicio de la década en la que cambiarás tu campo competitivo. No hagas lo que todos estén haciendo, no vivas persiguiendo tendencias, busca la forma de crearlas.

Con frecuencia escuchamos que «hay que agregar valor», pero es difícil ocuparse de eso cuando el cliente espera que le enviemos la propuesta en diez minutos, y antes de enviar el correo bajas los números porque te entra el terror de que un competidor cobre menos que tú. Vivimos en una sociedad que deprecia las virtudes esenciales. Puedes hacer descuentos desde la generosidad y sin quebrarte ante la desesperación. La constante debe ser cotizar al alza de tu esfuerzo. Es válido discutir montos, pero lo ideal es que las negociaciones se produzcan dentro del valor; es decir, que te contraten por bueno, no por barato.

En Latinoamérica estamos en deuda en lo que tiene que ver con la creación de proyectos a largo plazo. No temas emprender algo nuevo, pero tenle pavor a quedarte en el mismo empleo que has odiado por años. No podemos querer las compañías del mañana, con las ideas del ayer, es absurdo. Un centenar de paradigmas han sido rotos en estos últimos 40 días; y tú, ¿sigues pensando igual?

Los emprendedores deben analizar cómo van a prevenir las necesidades de su localidad y después de su mercado global, tratando de identificar y adivinar los grandes retos y problemas de una sociedad que cada día está más globalizada y conectada. Habitamos en un mundo empresarial cuyo principal reto es profesionalizar a los apasionados, no al revés. Desde hace tiempo motivar e inspirar a los mejores talentos ha sido la principal misión gerencial, y luego de la COVID-19 esta necesidad se va a redoblar.

La vida tendrá que certificarte, no un papel ni un jurado, sino la gente y la dinámica en la que creas, que nunca se equivoca.

Tristemente nos aferramos a las posesiones porque nos da miedo que se acaben. Esto nos hace confirmar que somos escasos de pensamiento ante un mundo abundante. Es una actitud de vacío.

En cambio, cuando la forma de vivir es dar, siempre producimos en el futuro y el crecimiento es natural. Cuando te enfocas en el compromiso, en la disciplina y en la fe, los resultados son señales de un liderazgo saludable. El líder que busca la pureza no acepta nada por debajo de la integridad y de la excelencia.

Veremos nacer un ecosistema de transacciones, donde los empleados más valiosos serán negociados y transferidos, como sucede en algunos deportes; las compañías ficharán a los integrantes que sepan elevar la felicidad corporativa, sean agentes de cambio y mantengan motivados a sus equipos.

No tengas miedo de mantener alto el precio cuando tu trabajo es fuente de valor para tu empresa y tu comunidad.

Los que saben cuánto valen harán que otros valgan mucho más.

EJERCICIO:

REPROCESAMIENTO POR MOVIMIENTOS OCULARES

Capítulos atrás insistimos en la importancia de la curiosidad, y esta me guió en el combate al miedo, lo que me llevó a recopilar decenas de técnicas para combatirlo, algunas de ellas inauditas. No todas resultaron efectivas, en otras no encontré conexión con la arquitectura del miedo, pero un pequeño grupo pasaron a formar parte de mi arsenal de herramientas.

Ya hemos visto cuán efectivas son la meditación y las respiraciones. En esta oportunidad te mostraré una técnica que no forma parte de los procedimientos clínicos convencionales. Recordemos que algo similar ocurrió con la meditación; fue objeto de rechazo hasta que los científicos, a regañadientes, fueron aceptando sus virtudes. Como todos los elementos disruptivos en las ciencias, abundan los detractores de esta técnica que veremos a continuación. Por la seriedad y la importancia de este procedimiento, antes de continuar debo compartir este detalle.

Si la meditación enfrentó cierta oposición, las críticas a procedimientos como este son más firmes, quizás porque en realidad los resultados han dado mayores motivos para hablar de ella. En este segmento te mostraré el método de desensibilización y reprocesamiento por movimientos oculares, al que llamaremos EMDR, primero, porque este nombre es más fácil de recordar y, segundo, porque es así como lo hallarás en los libros, artículos y estudios que avalan o refutan su efectividad.[1]

La EMDR está de moda. En este momento es creciente la cantidad de especialistas que se apoyan en este método. No obstante, la técnica ha cubierto un largo trayecto para alcanzar la aceptación —y el rechazo— del que goza actualmente. Fue desarrollado hace más de 30 años por Francine Shapiro cuando fue diagnosticada con cáncer;[2] la sensación tras este evento la fue cubriendo de un temor que abordaba todo momento de su vida, la dominaba por completo y, por años intentó numerosos tratamientos para combatir con ello. Un día, Shapiro realizó un movimiento con los ojos mientras pensaba en las terribles imágenes que le abordaban y, de repente, se dio cuenta de que se había reducido su efecto angustiante. Podía rememorar las ideas que la habían atormentado por años. Pero ya no tenían en ella el efecto de desencajarla.

Supón que hay una idea que te persigue y te hace daño, te perturba porque no puedes dejar de evocarla, te genera desconformidad o te inmoviliza.

Con lo que había aprendido en sus terapias y tras una escrupulosa investigación, Shapiro fue dando una explicación a lo que le había sucedido. Conozcamos el razonamiento: las ideas persistentes no se borran, permanecen como un archivo indeseable que insiste en volver de diferentes maneras; por mucho que te resistas te persiguen, lo que puede demoler tu estado de ánimo y tu productividad hasta dejarte fuera de combate. Lo que busca la EMDR es que te conectes con la emoción, que la traigas a tu memoria corta y la desactives, lo que se logra con un constante y acelerado movimiento de los ojos. Digamos que la idea detrás de esto es una especie de sobrecalentamiento del estímulo, lo que hace que, de alguna manera, este pierda su poder negativo. Este efecto puede tener relación con el movimiento que los ojos realizan durante el sueño.

Que no se haya identificado cómo se produce la relación biológica le ha cerrado las puertas al mundo formal, aunque haya miles de profesionales y académicos que ya la consideran como una fórmula válida y efectiva. Los primeros años, recibió poca atención y quedó restringida al uso casi exclusivo de los talleres realizados por Shapiro y su equipo, pero con la llegada del siglo comenzó a utilizarse con mayor frecuencia por terapeutas que decidieron probar su efectividad.

Esta práctica está desarrollada para ser aplicada con la ayuda de un terapeuta, y es así como recomiendo que lo hagas. Este ejercicio de autoaplicación busca que la conozcas y veas cómo te sientes con ella. Sin embargo, aun cuando quieras hacerlo por tu cuenta, lo ideal es que para las primeras sesiones te apoyes en un profesional. Muchas personas pueden trabajar por sí solas, incluso pueden sentir la seguridad de abordar ciertos aspectos íntimos que, al perder poder sobre ellos, los pueden compartir con sus psicólogos. Otros avanzan con sus miedos, pero sienten que el apoyo de un especialista puede ser más conveniente.

Los casos exitosos que conozco se han realizado entre 5 y 15 sesiones, dependiendo de la dedicación y de la naturaleza del conflicto. Lo que persigue el EMDR es redefinir las conexiones con los recuerdos almacenados, no para verlos con buenos ojos, sino para evitar que causen malestar.

La característica más disruptiva de este procedimiento es que rompe con la verbalización; aunque muchos expertos dedican varias sesiones a realizar terapia antes de comenzar, estas no siempre están consideradas en el EMDR y, por supuesto, no se incluye en la autoaplicación. Ya algunos expertos han llamado la atención que cierta intelectualización de los recuerdos evita que estos se salgan por completo de su guarida en el hemisferio derecho.

Es posible que al hacer estos ejercicios sientas náuseas o dolor de cabeza, incluso que en los primeros ejercicios puedas sentir que el temor ataca con mayor intensidad, lo que tiene mucho sentido si consideramos que se busca confrontar esas sensaciones. Por este motivo, la autoaplicación no es aconsejable para quienes tienen elevada presión arterial, problemas de la vista y otras enfermedades crónicas; tampoco debe ser una solución para personas diagnosticadas con una afección psicológica sin la estricta asistencia médica, ni siquiera si realiza el EMDR con el apoyo de un especialista.

La aplicación concreta tiene una primera etapa en la que se identifica la creencia negativa, tal como ha sido la aceptación en otros casos. Junto con esta, se piensa en una opción contraria que sea deseable. Si se teme las relaciones públicas, la visión positiva es sentirse en total armonía cuando estas ocasiones suceden.

Con el evento que quieres desvanecer de tu mente, establece una profunda conexión con los sentimientos que produce en ti y que quieres eliminar. Cuando sientas que has logrado articular con esos eventos negativos, iniciarás los movimientos con los ojos solo en un sentido, de izquierda a derecha, por ejemplo. Elige una velocidad que te resulte cómoda pero que no sea más lenta de un segundo por cada giro. Mover los ojos en una dirección una vez, por ejemplo, del lado izquierdo al derecho, cuenta como un movimiento. Al principio, algunos terapeutas suelen hacer que la persona haga los movimientos siguiendo unos ejes de referencia, pueden ser dos puntos como los bordes del marco de una puerta, tus ojos irían de uno al otro.

Haz dos rondas de 25 movimientos cada una. Entre los que haces un breve descanso y culminado uno más largo que usarás para analizar cómo va tu desensibilización. Luego de los movimientos vuelve a la imagen y reconecta con los sentimientos. Trata de detallar tantos elementos como puedas por un par de minutos e inicia una segunda ronda de movimientos. Llegará un momento en el que la imagen estará menos clara e incluso distorsionada.

Esto que he narrado hasta ahora no sucede en un solo día, son varias sesiones en las que el paciente va avanzando con los movimientos o con estos y la terapia de acompañamiento.

En una última sesión ve cuestionando los elementos negativos del evento y, si te sientes mejor, ve introduciendo en tu pensamiento las imágenes positivas que habías definido antes, pero no lo hagas antes de que las escenas que has querido combatir estén realmente borrosas. Esto último no lo harás en los primeros días, pero lo puedes reforzar con meditación.

Una de las mayores dificultades es que algunas personas no pueden visualizar el evento negativo porque no está definido con claridad en sus mentes. Por ejemplo, si tiene miedo de conducir debido a un accidente reciente, estas imágenes serán nítidas, pero si ese impacto ocurrió en su temprana infancia, quizás no tenga recuerdos a los que acudir. En esos casos, hay que ir contra la sensación que el miedo produce; se hacen los movimientos y luego se abre la oportunidad de enfocarse en una imagen que pudiera servir de anclaje.

Otra dificultad es que cuando se establece conexión con la sensación negativa, la persona sufre demasiado y no puede continuar, especialmente porque en las primeras sesiones esta opresión se intensifica.

- OYE, DANIEL, ¿POR QUÉ TE GUSTA
LO IMPOSIBLE?

- ES QUE ME GUSTA VER A DIOS
GLORIFICARSE.

PARTE 4

Navegar en el miedo

Nada espero de quienes nada esperan.
—Alejo Carpentier, *El siglo de las luces*

F obos es un chico malo, su diversión es aparecer en los campos de batalla para espantar a los soldados antes de que inicien los combates; nunca se separa de su gemelo Deimos, que los acompaña, infundiendo dolor y sufrimiento. No los culpes, esas son el tipo de travesuras que hacen los dioses griegos, especialmente si son hijos de Ares, amo de la guerra, y de Afrodita, diosa del amor. Los poetas no se equivocaron cuando pusieron al miedo siempre al lado del terror, vienen juntos y hay que superarlos a ambos. Para los griegos estos dos seres no solo eran hermanos, sino que eran gemelos, relación que tú puedes evitar si das los pasos correctos.

No es difícil intuir que las fobias reciben ese nombre por este dios travieso. El estudio de los miedos lesivos ya había preocupado a Hipócrates, que se interesó en el caso de un hombre que no toleraba el sonar de las flautas. Luego de Hipócrates tuvieron que pasar más de dos mil años para que el tema volviera a ser un asunto de importancia, y lo fue para Westphal, para Freud, para Watson y para muchos otros hasta el día de hoy. Lo clave ahora es que es esencial, porque te quieres despedir de la parte negativa que deja en ti.

Lavarnos las manos nos salva, pero lavar los pies nos redime.

❁

En mi primer libro, *Inquebrantables,* propuse a las personas que combatieran sus miedos con avances pequeños; te invito a que releas el capítulo *Que te tiemblen las piernas* para que hagas el ejercicio que contiene, porque resulta excelente para vencer esos temores manejables. Ya vimos que podemos modificar la conducta evasiva, y como sucedió con el pequeño Peter, puedes ir ganando confianza sobre aquello que produce miedo. Ahora quisiera que nos sumerjamos más profundamente en las razones.

Te pondré un ejemplo con un miedo que mencionamos en el segmento anterior, la coimetrofobia, o terror a los cementerios. Para curar ese temor hay que dar pasos progresivos pero prudentes, que van desde mirar imágenes de tumbas y lápidas hasta caminar cerca de un camposanto, de día. De ninguna manera se puede forzar la exposición al miedo, porque puede hacernos retroceder o empeorar. No puedes aliviar el miedo a los cementerios jugando la güija en una tumba a la medianoche del Día de los Muertos. Que te echen al mar de un empujón no es siempre la mejor forma de aprender a nadar.

Imagínate que, como muchas personas, tienes miedo a los perros. Queremos cambiar de acera, pero del otro lado de la calle hay un enorme pastor alemán. Tan solo por verlo, se disparan todas las reacciones fisiológicas que ya conocemos. Nos negamos a cruzar para no confrontarlo. Entonces, esperamos a que se vaya, nos metemos en una tienda en la que no tenemos nada que comprar o inventamos una llamada que no tenemos que hacer para no atravesar la calle. Cuando vemos que el pastor alemán se va, cruzamos con el corazón nuevamente en su lugar. Sentimos un alivio de estar a salvo, y nos produce placer haber eludido la amenaza.

El problema es que cada vez que evadimos un peligro, el cerebro se regodea en su ingenio, y comienza a repetir este comportamiento; esto lo recompensa y se refuerza un patrón de escape. El resultado es que la próxima vez que veamos un perro, tendremos una conducta similar y extenderemos ese mecanismo a otros temores. En paralelo, aumentará la ansiedad relacionada con ese miedo en particular.

No cruzar la acera por un perro no tendrá grandes consecuencias, pero cuando se extrapola a otros aspectos como no recuperar al amor de tu vida o renunciar a ese trabajo que tanto odias, hay terribles consecuencias. Aunque no lo creas, esta conducta evasiva genera un conflicto intenso dentro de nosotros: por un lado, tenemos el placer que produce haber evitado el riesgo y por el otro tenemos la desilusión que nos causa no haber hecho lo que queremos. Nos hacemos más asustadizos mientras que, por su parte, el miedo se envalentona y consigue más victorias en una conquista en la que salimos derrotados. De ese pequeño miedo vamos temiendo a las relaciones, y de estas a evitar hablar en público o quedarnos sentados cuando buscan candidatos para un ascenso.

Estas huidas son las que nos paralizan, son esas las emociones que necesitamos desterrar, porque evitaremos todas las situaciones en las que esté un pastor alemán o la persona que te gusta, porque el cerebro irá entendiendo que esto le da placer, aunque nuestro corazón se llene de frustración, agresividad y rabia, se victimice.

Esta es la clave: si cruzas la calle antes de que el perro se vaya y no pasa nada, el placer que hubiese sentido evadirlo, lo sientes al encararlo. El resultado es equivalente al de la evasión, pero en sentido contrario. Aunque parezca insólito, el resultado de una reducción de la ansiedad provocada por el perro, hablar en público o sacar a bailar a la persona que te gusta, es que el cerebro tendrá una respuesta biológica más moderada: menos cortisol, menos adrenalina, menos hiperventilación, sudoración, etcétera. Es por ello por lo que en mi libro anterior te pedí dar pequeños pasos.

Quien es feliz no tiene que decírselo a nadie, ni a sí mismo.

Antes de comenzar a acercarte a lo que temes, debemos trabajar tus pensamientos, y para esto es bueno que esté separado de los detonantes de miedo; es decir, no preparas tu mente frente a un rottweiler que te gruñe, sino en la paz que produce la ausencia del estímulo. Es por este motivo que insisto tanto en las meditaciones.

Ya sabemos que podemos promover un cambio en la química del cerebro, en su configuración y en su estructura, porque está bendecido con la capacidad de modificar su funcionamiento y reorganizarse para compensar cambios ambientales. Un aporte a esta aproximación es el estudio y tratamiento de los hábitos, cuyos hallazgos aplican en buena medida al tema que nos interesa; la neurociencia establece que estos están grabados, literalmente, como las viejas canciones en sus discos de vinilo.

Sí, el cerebro hace esto porque es perezoso y este es uno de sus trucos para consumir menos energía. Él graba lo que le enseñamos a hacer, pero no hace juicios, el hará sonar la canción *Fumar al levantarme* o *Ejercitarme al levantarme*, sin preguntar por qué. Es por ello por lo que cuando nos premiamos con las cosas equivocadas, reforzamos los hábitos negativos. Cuando te esfuerzas en imponer un hábito positivo, grabas un surco nuevo sobre el anterior; esto es algo que logras tras un gran esfuerzo, pero que, una vez que está grabado, es más fácil pedirle que nos haga sonar la canción que queremos escuchar.

Las zonas más internas del cerebro se desarrollaron antes que las que están más cerca de la corteza, de forma que ejecutan las funciones más primarias, y es justamente allí donde se guardan los hábitos. Las personas que tienen lesiones en los ganglios basales, donde se almacenan, pueden tener grandes dificultades para escoger una corbata o buscar la taza de café, porque todos los días tienen que tomar una «decisión» en algo que muchos hacemos de modo automático.

Pensamientos como la exageración o autoexclusión los llevamos grabados, así como cuando se dibuja un tatuaje encima de otro.

Sea como sea el miedo que nos invade, también es importante que establezcamos una relación con él. Debemos aprender a escucharlo, porque algunas veces nos paraliza, porque nos conoce tanto que sabe que hay cosas que no queremos hacer. Algunas veces no tenemos del todo claro a qué le tememos. Quizás tu negativa a postularte para un proyecto no tenga que ver, como tú piensas, con sentirte incapaz de liderar un equipo, puede ser que estar en esa posición puede significar en realidad que no quieres más lazos laborales, porque no te ves el resto de tus días en el ambiente encorbatado de tu oficina. Puede que esta persona que te gusta tanto implique pertenecer a un entorno que sabes que costará parte de tu identidad.

> **Hay que ser muy valiente para no hacer ruido mientras te estás quebrando.**
>
> ✔

- ¿Qué cosas hubieses hecho de no haber tenido este miedo?
- Si tuvieras nuevamente la oportunidad de hacer aquello que un día el miedo no te dejó, ¿lo harías?

- ¿Qué harías si no tuvieras ese miedo?
- ¿Por qué? ¿Qué quieres alcanzar con ello?
- ¿Qué sientes que el miedo te ha quitado?

Si las respuestas que saques de esta lista te generan conflicto, recomiendo que busques apoyo de un profesional, porque te ayudará a dar las respuestas definitivas que a ti te van a costar.

El combate del miedo cuenta con la tecnología como medicamento sofisticado. Yo sé que en algún momento has pensado que si se origina en la amígdala, un medicamento que desactive sus funciones pudiera funcionar para tener los excesos somáticos y psicológicos. La respuesta es que es así, y se ha probado. Cuando hay situaciones de tensión se liberan grandes cantidades de noradrenalina, que estimulan las activaciones autónomas que causan esas reacciones indeseadas en nuestro cuerpo. Para este fin se ha usado, desde hace algún tiempo, el fármaco propranolol, cuyos efectos van contra el cofre de la memoria emocional y disminuye la memoria de largo plazo. El efecto concreto es que reduce la respuesta que damos a los eventos que nos dan miedo, pero podemos mantener el recuerdo. Si te administran esta droga y te hacen entrar a un cuarto lleno de tarántulas, tendrás una reacción más moderada y, por lo tanto, más fácil de controlar.

Lo anterior es ideal para tratar a personas con pánicos severos, pero detectar esto a tiempo requeriría que la persona estuviese en terapia o hiciese unas exhaustivas evaluaciones de sus comportamientos. El futuro también puede contar con alternativas más sofisticadas como la optogenética, que permitiría borrar malos recuerdos. Esta es una técnica que permite borrar recuerdos con halos de luz. Imagínate que le temes a los bosques porque tuviste una experiencia traumática, y que esta pueda ser borrada. Suena interesante, pero esto está aún lejos de nuestro alcance. Por el momento no existe otro camino que reformatear la configuración del miedo nosotros mismos.

Aunque la tecnología permita tantas alternativas, las soluciones básicas son siempre ideales. Imagínate que te inviten a una cena en la casa de tu jefe y no quieres ir por tus nervios. Cuando estos te atacan gagueas, sudas y hasta te fallan las piernas. Sabes que no puedes evitarlo. La mejor forma de combatir esos episodios es asimilándolos. Si tienes miedo de que la gente se dé cuenta de que tienes nervios, se tú quien lo manifieste primero. Puedes decir con toda confianza: «Me complace que me hayan invitado, pero me produce tantos nervios que…, imiren!, icómo me tiemblan las manos!». Exponer tú la causa de tus temores reducirá un poco el peso de que otros se den cuenta; eso hará más ligero tu tránsito por la situación, ya no tienes que estar disimulando.

> **La tristeza también puede ser una cita divina con Dios. Heme aquí.**
>
> ❖

La primera vez que leí esta sugerencia fue en un documento de Viktor Frankl, psicólogo austríaco que aprendió lo suficiente sobre el miedo, un intensivo posgrado de tres años en los campos de concentración de la Alemania nazi.[1] En esa brutal experiencia perdió a sus padres y a su esposa, días después de liberada. Luego de tanto sufrimiento, Frankl nos invita a burlarnos del motivo de lo que nos preocupa y a nunca abandonar la búsqueda de un propósito. Sin embargo, hay un libro que expresa esa idea mejor que cualquier otro que haya llegado a mis manos; recomiendo que lo leas completo aunque aquí mencionaré una escena que ocurre en el capítulo siete. La autora se llama J. K. Rowling y la obra lleva el título de *Harry Potter y el prisionero de Azkaban*.[2] En el capítulo mencionado, el profesor Remus Lupin le muestra a su clase un hechizo para acabar con elementos que toman la forma de aquello a lo que le tienen miedo; de todos los alumnos el profesor escoge a Neville Longbottom, un muchacho tímido y apocado, y lo hace encarar al temible profesor Snape. Longbottom invoca el hechizo; entonces, la imagen del sombrío profesor al que teme de manera incontrolable aparece vestido en encajes, con un sombrero ridículo y luciendo un enorme bolso color carmín.

Sé que burlarte de los miedos no sirve para todos los casos, pero sí es algo que se puede usar en muchos de ellos. Ridiculizarlo, en la medida de lo posible, es una forma de enfrentarlo. Jugar con ellos también te puede permitir que reclutes aliados al momento de combatirlos. Sería ideal, en efecto, si las personas que más quieres conocen los detonantes que te causan ansiedad, pudieran estar alerta y ayudarte a evitar un episodio de ansiedad.

Nada es más adecuado que cerrar este segmento que mencionar a Frankl; sin abandonar la dimensión científica de su doctrina, permite establecer un vínculo con lo emocional, que no tiene que ver con la religión, si no quieres, pero no por eso deja de tener un aspecto espiritual, independientemente de cómo lo interpretes. No hay mejor forma de acabar con el miedo que entregárselo a Dios. No hay una mejor manera de combatir la angustia que la oración. No hay una solución más efectiva a la ansiedad que la fe.

Más adelante veremos el poder que la oración y las prácticas religiosas tienen en el cerebro. Dios sabe lo que tiene que hacer porque esta prueba viene de Él, que nos dio el miedo para cuidarnos y también para fortalecernos.

Hemos hablado de la mente en este libro, y lo seguiremos haciendo, pero son las rodillas lo que debemos activar primero: nos sirven para orar y con ellas nos levantamos a luchar por lo que queremos, luego de haber dominado al miedo.

PARA TRAGEDIAS, UNO MISMO.

Capítulo 16

Las trampas de lo inútil

«¿Me darías un consejo?», le preguntó Mark Parker a Steve Jobs. A Parker lo acababan de nombrar CEO de Nike, una empresa que tenía más de 30 000 empleados en ese momento. Jobs, como si respondiese cualquier trivialidad le respondió: «Bueno, una sola cosa —hizo un breve silencio y le dijo—: Tu empresa hace varios de los mejores productos del mundo, pero también hace mucha porquería».[1]

Jobs, que ya había sufrido las turbulencias de los desvíos, creía que enfocarse tenía que ver con decir «No», y por eso decía estar tan orgulloso de las cosas que había hecho como de las que no.

No es fácil definir qué hacer, pero, por lo general, resulta aún más complicado decidir qué no. Pero ten cuidado, enfocarte no significa que renunciarás a lo que te apasiona. Saber decir «No» es crucial, pero hay que comprender que la innovación proviene muchas veces de la capacidad de establecer analogías, lo que se hace más complejo en la medida en la que se mira hacia un solo lugar. Es lógico que esperemos resultados siguiendo el camino escrupuloso que hemos marcado, pero quizás haya algo mejor si lo ves de una forma distinta o, incluso, si vemos a otro lado.

¡Qué placer es descubrir el espíritu de las cosas!

¿Sabes en realidad cuáles son tus prioridades? ¿Hay algo que te desvíe de ellas? Estas son dos preguntas que siempre es bueno que te hagas y que las repitas de vez en cuando. Pareciera algo sencillo que puedes despachar de inmediato, pero por lo general, cuando llega el momento de responder, especialmente si se hace por escrito, nos damos cuenta de que no es tan fácil poner en palabras lo que tenemos en la mente. Aunque este ejercicio resulta complejo para casi todas las prioridades, hay una que suele salir con naturalidad, y es «ser feliz».

Aunque suene raro, algunas veces también es inteligente desandar los pasos. El escritor Antoine de Saint-Exupéry —que también fue ilustrador y aviador— lo sintetizó en una frase contundente: «Un diseñador sabe que ha logrado la perfección no cuando no hay nada que añadir, sino cuando no hay nada que quitar».

EL MUNDO ES EMOCIONANTE!

La insistencia en el foco se ha ido imponiendo con más fuerza en los últimos tiempos, más desde el éxito de ciertos pensadores cuya propuesta es una atención irrestricta a un único propósito y un abandono absoluto a todo lo demás. Estamos en un mundo que nos exige resultados, y yo mantengo la recomendación de excluir de nuestra vida aquello que nos desvía de lo primordial, pero no por ello debes dejar de cultivar actividades que se complementan.

Quizás haya quien considere disonante esta diversidad de intereses, yo solo encuentro la posibilidad de convergencia. Esa es una de las reacciones con las que te invito a responder. No te pido que te conviertas en polímata, es decir, una persona con maestría en diversas ciencias. Poner el foco no significa que debes vivir en un túnel. La clave está en la pasión, en compartir acciones que, aunque sean distintas entre sí, compartan sustancia. Niels Bohr, uno de los padres de la física atómica, fue también un excelso guardameta. Además de jugar al fútbol, Bohr sentó los fundamentos de la mecánica cuántica, que tanto cautivó a Nicanor Parra, uno de los más grandes poetas de todos los tiempos. Poesía y ciencia abstracta retumbaban en el alma del chileno. A nadie puede extrañar que este poeta y físico luego haya escogido estudiar cosmología.

La hermosa actriz, Hedy Lamarr, fue la coinventora del espectro de salto de frecuencia, que contribuyó al desarrollo de las telecomunicaciones. ¿Sabías que una actriz inició la tecnología del wifi que consumes ahora? El magnate, Howard Hughes, combinó sus destrezas como inversionista con su arrebato por la aviación y el cine. Fíjate en que no incluyo aquí a genios como Goethe, Copérnico o Alejandro de Humboldt, que destacaron en varias ramas de la ciencia porque suelen ser considerados seres extraordinarios.

La lista de quienes han expandido su conocimiento sin perder el foco es interminable, Leonardo da Vinci es el mayor de todos los tiempos: pintor, filósofo, inventor, cocinero, músico, escritor, anatomista, arquitecto, paleontólogo; hace quinientos años le diseñó al sultán otomano un puente para cruzar el Cuerno de Oro. No escribiré más sobre él porque en mi libro anterior ya le dediqué la *Carta a un genio*.

Sabio quien tiene en cuenta la brevedad de la vida.

No pretendo que intentes alcanzar la grandeza en todas las áreas ni que pierdas el foco, lo que deseo es que no renuncies a lo que te gusta solo porque hay una imposición social o una moda que te pide lo contrario. Solo deseo que le plantes cara a un sistema que nos empuja a una sobrespecialización que desprecia los procesos creativos.

Hazlo como un disfrute, nadie espera que te conviertas en un maestro multidisciplinario; ábrele espacio a eso que estalla dentro de ti porque quizás te sirva de submarino para conocer mayores profundidades en tu pensamiento. No sientas que dedicarte a lo que alimenta tu alma es una forma de perder el foco.

No debes ser un aprendiz de todo, sin llegar a la maestría de nada. La idea es que mantengas viva la curiosidad y que te abras a todo aquello que constituya una pasión que haga explotar tu pensamiento en nueva forma y convertirlo en un nuevo elemento.

La diversidad es esencial para un pensamiento más creativo. Sin embargo, el sistema educativo sigue restringiendo la posibilidad de hacer conexiones. Buen ejemplo de esto lo tenemos en los niños, a los que les gustan cosas muy distintas, a primera vista inarticuladas, pero los padres y la estructura van en sentido contrario.

Que yo escriba esto no cambiará que, allá afuera, sigan empujándote hacia la especialización. Existen, por supuesto, algunas buenas razones para poner en duda las ventajas de perseguir múltiples intereses. En inglés se dice que «no muerdas más de lo que puedes masticar», pero aquí la clave no es cuánto morder, sino qué morder, en cómo establecer el equilibrio decisivo entre la diversidad, que alimenta nuestra creatividad, y el foco, que reduce las distracciones.

Trabajar en las distintas materias no es una pérdida de foco si en cada disciplina eres capaz de encontrar conexiones fundamentales.

Una es el temor de que podamos perdernos demasiado si nos dedicamos a más de una actividad. Los científicos no son distintos a las personas promedio. Sin embargo, los intereses adicionales crean una diferencia en ellos. Ganar un Nobel es quizás lo más elevado en las ciencias, se otorga a personas que dan resultados concretos y relevantes. Los ganadores del Premio Nobel triplican a los científicos promedio en tener inclinaciones artísticas. Los miembros de la Royal Society, a la cual llegan los investigadores con más logros y reconocimientos, tienen dos veces más interés en artes y manualidades que los científicos comunes. Esto tiene soporte cuantitativo, no es una simple suposición.

Entras a la universidad y vas tomando un camino que se va haciendo más estrecho en las maestrías y los doctorados. Llegas a un mercado laboral en el que puedes ofrecer esta afilada rama del conocimiento. Mientras esto sucede, una comparación con las personalidades más exitosas del planeta hace ver que estas tienen mayor tendencia a la diversidad. Un buen ejemplo es lo que ocurrió

> **Los intelectuales buscan cuestionar a otros; los sabios, a sí mismos.**

con el físico Andre Geim a quien se le concedió el Ig Nobel por hacer levitar a una rana utilizando fuerza magnética. El Ig Nobel es un premio que se da como sátira; Ig Nobel es como decir «innoble». Diez años después de su rana voladora, Geim fue galardonado con el Premio Nobel de física debido a sus descubrimientos sobre el grafeno, una sustancia de ilimitados usos industriales.

James P. Allison, inmunólogo que recibió el Premio Nobel de medicina por sus descubrimientos sobre el cáncer, toca la armónica en un grupo musical lo que no le impidió completar sus investigaciones de la enfermedad más criminal del último siglo. El *blues* no desvió a Allison del foco de avanzar en la lucha contra la enfermedad de la que murió su madre cuando él era un niño.

No dudes de que para Geim y Allison ganar el Nobel es un reconocimiento extraordinario. Ninguno de los dos perdió el foco, ambos ostentan logros notables, aunque no dudo que hubo quien les dijera: «Deja esa armónica» o «No pierdas tiempo haciendo volar ranas».

Galileo era un sagaz poeta y un diestro ilustrador, aunque solo lo recordemos como uno de los más grandes astrónomos de la historia. Einstein aseguraba que la música era lo que le proporcionaba más placer; por ese motivo, el creador de la teoría de la relatividad nos entregó una ciencia armónica, sencilla y estética.

Esto no significa, de ninguna manera, que el foco te llevará al fracaso; lo que quiero decir es que no tienes que abandonar tus otras pasiones, estas pueden ser el origen de un pensamiento dinámico y creativo. Las empresas modernas saben de esto e incluso promueven que sus empleados practiquen ciertas disciplinas e, incluso, que las compartan con sus compañeros, con lo que promueven equipos que buscan nuevas soluciones y se hacen más adaptables.

No te invito a que busques una actividad por buscarla. Si tu trabajo ya te inflama de gozo, has encontrado lo que necesitabas. Si luego de analizarlo consideras que hay actividades que debes dejar, también has ganado porque lo aprendido no se pierde, así que no te arrepientas de lo que has hecho. Solo decide cuáles son aquellas que no continuarás cultivando, no para reducir el dinamismo creativo, sino porque no te hacen feliz. Es muy poco lo que podemos aprender de eventos que no producen bienestar al hacerlos. Los

Si das lo mejor, te podrás ir en paz de donde sea.

cambios no solo aumentan la capacidad de fertilización, sino que el cerebro descansa de los procesos de saturación, volviendo a replantear los problemas de tal forma que cobran sentido.

Para conciliarme con el enfoque con la intención de saber qué cosas debo mantener y a cuáles decir que no, me gusta responder estas preguntas:

- ¿Qué te inspira?
- ¿Qué te gusta hacer? ¿Qué te apasiona? ¿Qué es único y original de lo que sabes?
- ¿Para quién lo haces?
- ¿Qué es lo que quieren o necesitan de ti?
- ¿Cómo cambian o se transforman las personas como resultado de lo que tú compartiste con ellas?

Una vez que tengo esta información consolidada. Se me hace más sencillo obtener un máximo de la combinación entre mi enfoque y mis actividades de placer. A continuación, te presento los principios que mantengo para que las actividades de complemento no me desvíen de mis prioridades.

Insiste en estas conexiones: si ya tienes destrezas en más de una asignatura, procurar nuevos vínculos entre ellas.

Aprende algo distinto: proponte aprender una habilidad por tu cuenta. El encendido que produce este esfuerzo aumenta tu capacidad para comprender otras áreas de pensamiento.

No salgas de foco si te llena: la recomendación es que no renuncies a actividades que te produzcan placer si ya las tienes, pero no que inicies procesos que no te inspiren emoción.

Mantén firme tu «No»: debes trazar una línea clara entre las cosas que deseas hacer y las que no. Que diversifiques no implica que debas hacer lo que no quieres.

Aumenta tus cargas energéticas: en algunos casos, la transmisión de energía positiva tiene un efecto más benéfico que la información cruzada o el aumento de las posibilidades de innovar. Si lo que haces te carga de energía, no hay motivo por el que lo tengas que dejar.

El último de los principios tiene una importancia capital. Algunas veces, con las actividades que realizamos ganamos autenticidad, como en los ejemplos que hemos visto anteriormente. Quizás un neurocirujano o un genetista hallen en la música o la gastronomía no solo claves de conocimiento, sino también las vibraciones energéticas para ejercer.

Esta viene a ser otra razón para continuar ciertas actividades que otros pueden considerar que roban nuestro tiempo y no nos despistan de lo que tenemos que hacer. Si perdemos la autenticidad lo perdemos todo, y cuando no puedes ser tú, requieres fingir, un esfuerzo que tiene un alto costo energético.

Protege tu energía. Cada uno de nosotros debe aprender a manejar los flujos de su energía de forma sofisticada. Saber cómo la consumes y cómo la gastas, debe ser una tarea diaria. Hay ocasiones que despedimos energía como si fuese interminable, la usamos de forma indiscriminada en tareas que no nos llevan a ninguna parte o que hasta pueden alejarnos de lo que nos interesa.

Te invito a reflexionar sobre las cargas que recibes y compartes con otras personas, especialmente con las que influyen directamente en tu vida. Cuídate de quienes se alimentan de lo que te queda de energía, porque hay seres que se dedican a drenarte, sanguijuelas energéticas que traen adheridas al cuerpo, al corazón y al alma placas de consumo energético. Protege a toda costa la vitalidad de tu energía mental y espiritual para disminuir las grietas por donde se pueda filtrar el mal, la ansiedad o cualquier parásito emocional.

No te agotes entregándote a emociones o situaciones que te saquen de tu enfoque y centro, de esta forma mantendrás afilada la espada y el objetivo claro. Ve midiendo cuánta energía salió de ti y cuánto te has cargado. Necesitas hacer este chequeo diario, como si fuese el combustible de tu coche.

Mantén tu conexión con la fuente eterna, dicha energía es tu poder, ya que humanamente la tienes limitada por día; no sobrecalientes tus capacidades, toma espacios de meditación, de oración y también de diversión que potencien tu productividad. Aléjate de todos aquellos que sean cambiantes, veleidosos e inestables en sus convicciones, de lo contrario, terminarás a la deriva, con un mapa en blanco y sin una ruta clara.

Multiplica el bienestar compartiendo información catalizadora, busca juntarte con gente de energía limpia y renovable. Protege el poder y la bendición que se te otorgó a ti. No regales tu energía a batallas absurdas y hábitos erróneos.

Un propósito te motiva, te inspira, mantiene en orden tus prioridades, desarrolla tu potencial, te da poder para vivir el presente y te ayuda a evaluar tu progreso, te otorga una actitud firme y una visión profunda. El propósito trabaja en dos direcciones, nosotros trabajamos en él, y él trabaja en nosotros expandiéndonos más allá de lo ordinario.

Pablo jamás perdió la actitud en cárceles, naufragios, palizas, pobreza, juicios o debates. Él entendió el poder que existe detrás de la convicción de morir por un propósito, aprendió que su causa siempre sería más importante y grande que sus circunstancias porque el propósito nunca muere.

Modela una actitud firme y positiva hacia la adversidad.

No pierdas tu pasión ni el sentido de tu misión. Revísate diariamente, asegúrate de que no te desvías y que incrementa la claridad de tu visión. No debe importar dónde estés si usas cada uno de tus pasos como impulso a la meta.

No desvíes el enfoque, tu objetivo y todo lo que hagas adicional, que sea para energizarte más.

NO ERES UNA OBRA DE ARTE,
¡ERES EL MUSEO ENTERO!

Capítulo 17

Las trampas del malhumor

Hemos visto diferentes maneras de enfrentar el miedo, técnicas de respiración, meditación y ejercicios. Lo que aún no hemos visto es cómo protegernos, cómo fortalecer nuestra inmunidad espiritual para estar en mejores condiciones de pisar la arena y lidiar con él.

Aunque parezca simple en exceso, hay un recurso que dejo cerca del final porque lo hemos mencionado en casi todos los capítulos ya que su sencillez concentra un poder que no es fácil de igualar. Ese recurso es la sonrisa, la alegría, la decisión consciente de disfrutar al máximo los días. Esta es el florecimiento permanente de nuestros solares, la abundancia desbordada en nuestra hacienda, nuestro lagar. Pero ella se permite también una conexión sináptica que te invito a revisar.

Mark Stibich, experto en temas de bienestar personal, tiene una lista de diez beneficios de sonreír.[1] Lo ideal de este inventario de atributos es que Stibich incluye las publicaciones científicas que avalan cada uno de los puntos, que son:

- Te ayuda a vivir más tiempo.
- Alivia el estrés.
- Mejora el estado de ánimo.
- Es contagiosa.
- Refuerza el sistema inmunológico.
- Puede bajar la presión arterial.
- Es analgésica.
- Te hace lucir mejor.
- Pronuncia éxito.
- Mantiene pensamientos positivos.

Siempre que puedas, sonríe. Sonríe, aunque haya mal tiempo, sonríe porque no puedes controlar ciertas vueltas del camino, pero tu sonrisa es tuya, y debes mantenerla, aunque los golpes te dejen la boca chimuela, como los que pierden las batallas, pero no se retiran de la guerra; simplemente, se levantan y sonríen, esperando la próxima embestida. Pero recuerda que esa bendición es tuya, no tienes que sonreír porque te obligan; la sonrisa es aliento, no una convención

¿Podrías elevar el entrecejo?, es que se te ve el sueño fruncido.

LOS LOBOS

sonríen de 🐑 a 🐑 .

social. Debe salirte del alma, no de la nómina ni de los *flashes* de las cámaras.

Es como la luz, que desde nosotros irradia a quienes alcanza. No debe ser motivo de opresión, no debe ser una imposición, no te la deben arrancar como plusvalía. Exigirte una sonrisa es como alquilarte las pasiones. Juzgarlas es especialmente molesto cuando tiene una connotación sexista; a muchas mujeres se les impone alardearla como una joya cuando se la han convertido en un grillete. La sonrisa es sagrada, debería ser elevada como un derecho humano porque es una caricia que nos da Dios.

Los primeros avances vienen de investigaciones que tienen más de medio siglo de antigüedad. Hace muchos años, James D. Laird, de la Universidad Clark, publicó estudios sobre las expresiones faciales,[2] entre ellos un análisis de lo que pasa cuando la gente sonríe. No se puede decir que la investigación de Laird fuera sobre la sonrisa como tal, estaba más orientada hacia el impacto de las expresiones físicas en general. En un punto, la creatividad estalló y la pregunta se hizo al revés: si sonreímos cuando somos felices, ¿podemos ser felices cuando sonreímos?

Los investigadores pusieron a los participantes a hacer una serie de gestos que les hacían sonreír o fruncir el ceño. Luego de esto, los hacían evaluar unas caricaturas para medir los efectos que cada expresión facial tenía en sus estados de ánimo. El resultado fue que los que habían quedado con un semblante sonriente manifestaron mayor aceptación de los dibujos. Como si fuera poco, los que habían arrugado su cara percibieron más elementos de agresión.

Guillaume Duchenne, más conocido como Duchenne de Boulogne, fue un neurólogo que se ocupó de estudiar las expresiones faciales. En 1862, Duchenne presentó sus observaciones sobre las características anatómicas de una sonrisa genuina,[3] que consistía en contracciones combinadas del músculo orbicular, que está en los ojos y el músculo cigomático mayor, que está en las mejillas. Esta expresión facial se conoce como *sonrisa Duchenne,*[4] y esa es la que funciona para lograr una resonancia de abajo hacia arriba. Esta expresión fue la que usó Paul Ekman para hacer sus estudios sobre las expresiones emocionales que se puede considerar como la última pieza de esta relación entre sonrisa y cerebro.

> **Dios nos dio la libertad de ser y de elegir en nuestra libertad.**

Una sonrisa Duchenne

Líneas de expresión en los ojos y debajo de ellos

Contracción de la mejilla

Borde del labio elevado

Líneas de expresión entre boca mejilla

Como respuesta a las propuestas de Laird, surgieron varias réplicas, algunas de ellas críticas a la idea de que las expresiones condujeran un mensaje al cerebro. Uno de estos estudios se convirtió en un clásico de la psicología, el realizado en Alemania por Fritz Strack.[5] Se repitieron las condiciones y se buscó que las personas sonrieran o fruncieran el ceño, pero que al mismo tiempo no supieran qué se estaba evaluando. Para lograrlo, los investigadores les pidieron sostener un lápiz con la boca de dos diferentes maneras, una que daba al rostro una expresión sonriente y otra que le daba un aspecto constreñido. A estos, se sumaron participantes que no sostenían ningún lápiz, y que servían de grupo de control.

Para sintetizar, a los tres grupos se les mostraron cuatro imágenes; los que estaban en posición de sonrisa dieron mejor calificación que los otros dos. Por su parte el grupo de la cara arrugada, evaluó las cuatro historias por debajo del grupo de control. La conclusión es que, efectivamente, la posición del rostro ejercía un efecto en la evaluación. Volveremos a hablar de estos resultados, que luego fueron puestos en duda.

Lo que ahora quisiera es que imites la manera en la que se le pidió a las personas que pusieran la boca. Busca un lápiz para que hagas el ejercicio. Es importante mencionar que esto lo hacemos solo para aprender cómo es la expresión, no vamos a realizar ningún experimento.

Para la sonrisa se pidió sostener el lápiz con los dientes, sin que este toque ninguna porción de los labios, tal como se ve en la Figura A.

Para contraer el rostro se toma el lápiz solo con los labios, sin que haya ningún contacto con los dientes, como en la Figura B.

La forma en la que te muestro esta imagen es la que originalmente se usó en el estudio de la Universidad de Wurzburgo, pero considero que es más sencillo hacerlo poniendo el lápiz paralelo a los labios, es decir, como un perro que carga una rama. Recuerda que, hagas como lo hagas, en la primera opción el lápiz no debe tocar los labios; en la segunda no debe tocar los dientes.

Figura A **Figura B**

Mírate en el espejo y dime cuántas veces te ves con una expresión o con la otra. El ejercicio concreto es que asumas la posición de la Figura A por el tiempo que determines, dos días, una semana, pero siempre, durante ese tiempo, hacerlo cuando la circunstancias son difíciles (por ej., tus hijos no obedecen, tu jefe te pide un reporte a última hora). Lleva el lápiz contigo para que repongas el gesto cuando se te olvide.

Cuando haya transcurrido el tiempo, hazme saber si experimentaste cambios.

El estudio de Strack terminó arrojando otra información sobre la sonrisa, aunque de una forma que nadie podía haber imaginado. Luego de sus contundentes resultados, Strack permitió que un grupo de investigadores repitieran el procedimiento con una muestra plurinacional de más de 2.000 personas. El resultado no fue satisfactorio, las diferencias estadísticas resultaron mínimas. Todos pensaron que los resultados debían ser descartados, pero unos profesores israelíes notaron que la nueva versión incluía cámaras, y que los participantes, al verse grabados, podían perder la concentración y con ello el efecto del vínculo al cerebro. Los investigadores israelíes repitieron el ejercicio sin cámaras visibles, y replicaron resultados similares al estudio original.

Aunque no fue la intención ni sirve para ofrecer conclusiones definitivas, esta corrección nos hace ver el peso que saberse grabado tiene en un mundo donde todo se graba y en el que, pareciera ser, los lentes interfieren nuestra conexión con el cerebro.

Resulta inocente pensar que un estudio u otro es suficiente para establecer conclusiones determinantes. No se puede pensar que solo lo hecho por Laird, Strack o Ekman es suficiente para establecer conclusiones. Lo que sí sabemos es que hay indicios que nos llevan a confiar en que sonreír nos catapulta a sentirnos mejor.

Aunque no sea definitivo, la convergencia de varios hallazgos va dando fuerza a esta idea. Por mucho tiempo se ha creído que usar toxina botulínica, popularmente conocida por el nombre comercial Bótox, mejora los estados de ánimo. Este producto paraliza por un tiempo el músculo; cuando se aplica en zonas del rostro que impiden fruncir el ceño, las personas notan una ligera elevación de su estado de ánimo. La explicación que se ha impuesto es más que lógica: quien se acaba de retocar el rostro se siente mejor. No obstante, hay quienes insisten en que esto tiene que ver con las expresiones faciales, y la ciencia los apoya. Hay referencias documentadas de personas que se han sometido al Bótox y tienen reducción en la interpretación de estímulos negativos. Un paso más allá se ha dado con exposiciones a resonador magnético, con una menor actividad bioquímica en situaciones de estrés.

Sonreír como Duchenne indica libera serotonina en el cerebro, esto a su vez reduce la ansiedad. Hay aproximaciones desde la visión evolutiva, que tienen relación con nuestra condición social, que ya hemos visto en varios capítulos anteriores. Algunas veces nos apoyamos en nuestros estados de ánimo; nos conectamos con sensaciones agradables y pensamos que de ellas solo pueden salir cosas buenas.

Las creencias populares invitan a separar el pensamiento del sentimiento, como si tal cosa fuera posible. Son muchos los estudios destinados a comprender el efecto de las emociones en el pensamiento. No hay que ser un experto para suponer que las emociones afectan cómo decidimos. Pudieras imaginar que las personas que están de buen ánimo piensan de una manera y las que están de malhumor piensan de otras, pero no funciona así; las emociones afectan especialmente por su vibración, no por si son malas o buenas. Esto es algo que se conoce como tendencias de valoración.

> **El éxito de un hombre se mide en la sonrisa de su mujer.**

Míralo así, más que preocuparse por si sentimos algo positivo o negativo, a la hora de tomar una decisión hay que fijarse en la energía que emana de nosotros. Por ejemplo: una persona que está enojada tendría actitudes más similares a una que está animada que a una que está deprimida. Aunque la enojada y la deprimida tienen emociones que podemos llamar «negativas». La felicidad y la ira te impulsan al riesgo; la serenidad y la ansiedad, a la certeza. La vibración pesa más que si las emociones son buenas o malas.

¿En qué te afecta esto a ti? Pues, bien. Conocer la «vibración o energía» te permitirá saber qué debes compensar. Simplemente te ayudará a saber cuál tecla está desafinada para que evites tocarla.

Enlacemos esto con lo que aprendimos antes sobre tener el control de nuestros actos. Las emociones intensas, no importa si son buenas o malas —euforia, furia, júbilo, ira—, acentuarán la sensación de control, y por ello debemos sopesar las circunstancias.

Las emociones de la tendencia contraria —tristeza, sosiego, abatimiento, serenidad— acrecientan la importancia de los factores externos. Nos refugian en situaciones más seguras y la disposición a actuar se aplaca.

Voy a resumir: no todas las decisiones tomadas con sentimientos negativos tendrán similar influencia, lo mismo aplica para las positivas. Hay momentos para la tormenta y otros para la calma, en ambos debemos ser prudentes y no dejar que las aguas sean las que se encarguen de nuestro navío. Que no sea que el vendaval nos lleve lejos, y nos hallemos perdidos o, peor, que la falta de viento nos deje flotando en el conformismo.

Ora en tus enojos hasta que el conflicto pase de tus emociones a tu sabiduría.

Siempre debes hacerte las grandes preguntas:

¿Estoy tomando esta decisión porque estoy feliz o porque las condiciones están dadas para ello? ¿Estoy tomando esta decisión porque estoy triste o porque necesito protección?

Comprender el efecto de las emociones es importante porque ese mundo que está allá afuera, listo para volver a sus ciclos demenciales, está lleno de tretas.

Si quieres sonreír y no puedes, danza. El mundo danza desde la luz primigenia. Un arte ancestral como el llanto, distintivo como el habla. La danza le da forma a la historia del pensamiento, es la coreografía nacida del cerebro colectivo de nuestra especie; es el cenit de la creación, la más bella creación comunitaria.

De las cuevas de Altamira a los festines de Versalles, de los remolinos derviches a la moda del TikTok, la danza es caza, guerra, aguacero, trueno, salida, agonía, sepelio, galanteo, cópula, astro, sol y luna. Bailas para nacer y para morir, para sanar y para cosechar, para la unión y para la fertilidad. La danza revela la idiosincrasia de los pueblos, su identidad, su destino y su temple.

La danza te comunica con la divinidad, provoca exaltación psíquica, es una manifestación erótica, es el lenguaje y la expresión de la interioridad. Es la transfiguración estética de lo terrestre a lo celestial.

En su armonía vencemos a la nada, nos tornamos dioses, hechos de espacio, creando el espacio. Lo absoluto como la existencia de las cosas en simultaneidad. Una movilidad que crea el cuerpo, no la palabra, que amolda las dimensiones de la vida. Es un movimiento que te lleva de la ingenuidad a la reflexión, de lo natural a lo artificial. Un flujo de conocimiento y expresión, un fenómeno divino ordenado bajo el ritmo carnal. La estructura inmutable de lo vital, una categoría subliminal.

Representa al ser continuo, al ser ilimitado, al ser tridimensional, al ser homogéneo, al cuerpo humano, a sus movimientos y al espacio.

Para la elevación del cuerpo hay que pisar tierra y volar con la cabeza; para que un bailarín encuentre su centro tiene que buscarse a sí mismo, debe crear el espacio con la energía del cuerpo hasta irradiarla sobre sus espectadores; por eso hay que presenciarla, porque es efímera y embriagante en su clímax. El bailarín trasciende porque no se enfoca en lo adjetivo, sino que se eleva a lo más abstracto, tiene como propósito abolir lo dado como norma con un *pas de deux* y crear el *tableau vivant* del mundo. La inventiva al servicio de lo específico, la imaginación como el recurso innato que derrumba los caminos trillados.

Rotación, distribución, postura, transferencia, colocación, contrabalance y aplomo. El lugar, la gravedad, el cuerpo, la fuerza muscular, la luz, el sonido y las cosas desaparecen cuando la danza se impone sobre lo material, su vida rítmica es creada artísticamente en el plano de lo sublime que emana del alma; la otra dimensión que solo es tangible para el espíritu. Es el arte simbolizado, revelado y, por fin, otorgado para ser vivido.

He querido dominar al señor silencio, pero ya me dejó claro que no puedo.

La bailarina antes de ser artista es musa y se convierte en poema. Ante el primer paso, solo queda su figura como único espacio, sutil, casi intangible, un dinamismo que tiene la serenidad de un adagio. la percepción de fragilidad, un cuerpo convertido en puro espíritu. La bailarina gira lentamente, mueve sus brazos, agitándolos como alas o como garras, siendo transformada en una criatura animal delicada a través de la imaginación que desborda los límites de lo físico.

¡Vamos! ¡Vamos! Baila entre la mezquindad, la pólvora y el alquitrán. Baila entre las tristes sombras de lo marginal. Baila para alumbrar el resquicio de la sociedad. Baila para ser un reptil que se arrastra hurgando en las cavernas o una gaviota que anuncia tierras nuevas. Bailar no es un pedido, es una imploración porque quizás sea la única posibilidad de ahuyentar y disipar la oscuridad.

Baila el tiempo que te queda. Bailando doy las gracias y también perdono; en sus compases soy pulso, armonía, reclamo y duelo. A través del baile soy elegante a pesar del harapo y popular a pesar del atuendo.

Sé cómo el bailarín de ballet que en todo momento da la cara al público. Baila, aunque el mundo no suene a nada.

Baila baila. Baila, aunque no sepas bailar.

@DanielHabif

Lo más auténtico que he recibido
fue lo que nunca pedí.

Capítulo 18

Las trampas de la ingratitud

Quizás cueste aceptarlo, pero hay quienes le tienen miedo a agradecer. Esta negativa es más frecuente de lo que pudiéramos pensar; en efecto, hay una corriente que combate la gratitud y que invita a aislarla en el rincón exclusivo de la cortesía y de los modales.

La gente agradecida es la que tiene mejor vista de todos, porque siempre ve el favor de Dios multiplicándose en sus vidas, y se pueden alimentar infinitamente con él. Sin embargo, están los que piensan que hacerlo nos disminuye, que es conformismo, que dar gracias por lo que tenemos es aceptar las enormes injusticias que nos rodean;

alegan que nos somete y que nos hace dependientes. Son demasiados quienes piensan que sembrar el agradecimiento es una trampa que los poderosos han sembrado en nuestra mente para que nos sintamos conformes con lo poco que tenemos.

Esta perspectiva se introduce sutilmente entre los enemigos de la libertad económica, viene cargada con el fraude de que el libre mercado es un sistema de suma cero, en donde solo puedes ganar si el resto pierde. Los que enarbolan esta idea te harán creer que agradecer es una esclavitud voluntaria. Conciben como una afrenta social a la prosperidad —la de los demás, no la de ellos— e insisten en que es una treta que nos enseñaron para no exigir. Esta visión impide crecer, promulga que la rebeldía es destruir, cuando es justamente lo contrario.

Recibo con gratitud, devuelvo con amor. No espero.

No podemos ignorar que estas ideas calan hondo en muchos y que, lamentablemente, han caído en suelo fértil en nuestros países ya que es más fácil encontrar excusas que razones. Es un panfleto repetido de distintas maneras que intenta convencernos de que, por ejemplo, si damos gracias a Dios por nuestros alimentos estamos celebrando el hambre de otros, que es igual a darnos limosnas a nosotros mismos. Proclaman: «No sonrías si un regalo no te gusta», como si el tesoro estuviera dentro de la caja.

En el otro extremo, ese que se centra tanto en el individuo que rechaza los logros colectivos, surgen ataques. Desde

EL REGALO NO ESTÁ EN LA CAJA,
SINO EN LAS MANOS.

@DanielHabif

esta trinchera se vocifera que es una disminución de la estima, del carácter. Que es una desvalorización y una entrega de los méritos que reduce nuestra identidad.

Ambos enfoques son atractivos y fáciles de aceptar, pero ruinosos. Para comenzar, agradecer no sacraliza las injusticias; más aún, mostrarse desagradecido sí es una aceptación, una justificación de tus vicios y miserias. Esto alcanza a todas las dimensiones que podamos imaginar, es una excusa amarga para las derrotas. Veamos un ejemplo de cómo funciona: es muy común entre los miembros de ambos extremos ver al sistema educativo como un motivo del atraso de América Latina, que no le debemos nada. En el primer punto tienen razón porque es un modelo arcaico, divorciado de las necesidades del mundo actual, pero no por eso debemos de negar un reconocimiento a lo que recibimos en las escuelas. Agradezco precisamente porque quiero una educación eficiente para las nuevas generaciones, pero también para los maestros que, muchas veces con sacrificios enormes, lo mantienen de pie. Negar la gratitud es una justificación de nuestro atraso relativo. Esto mismo aplica a aspectos más íntimos como las relaciones familiares o de pareja, las organizaciones y las comunidades.

Lo digo con punzante claridad: el agradecimiento no es sumisión, tampoco un crédito a la desigualdad; como hemos visto, es una opción individual de cómo asumir la vida, no solo lo bueno. No nos hace más débiles, nos hace más poderosos al permitirnos reconocer el esfuerzo de muchos; es una forma de dar, teje lazos entre nosotros y abre las oportunidades para cambiar.

Nadie nos obliga, es una decisión que podemos asumir. La idea es conectarnos con su vibración. Negarnos a dar gracias por nuestro salario porque hay quienes cobran diez veces más que nosotros es una sentencia de que no podemos lograr más, de que no tenemos el control para cambiarlo. No encuentro una frase más adecuada para decirlo que la de Robert Emmons: «La gratitud es una emoción; la ingratitud, una acusación». Las acusaciones son propias de los que se rinden, de los que no lo pueden cambiar porque tienen una razón para perder.

Este no es un evento que aporta beneficios mágicos por el simple hecho de decir «Gracias». Va mucho más allá de una simple práctica, es un estado que combina lo mental con lo espiritual y, aunque no lo creas, tiene repercusiones físicas. La lista de atributos llena libros enteros, pero no solo de palabras estimulantes y pensamientos positivos. Este es un tema que se ha estudiado intensamente en las universidades porque hay múltiples investigaciones que han demostrado los incontables provechos que genera.

Encontré un tesoro: era una persona agradecida.

Estos análisis nacieron en las grandes empresas que reclutaron expertos para conocer cómo funcionaban sus equipos de trabajo; había una motivación económica, una búsqueda de maximizar el rendimiento. En los ambientes laborales se hizo evidente que en equipos donde se practicaba el agradecimiento, la información fluía con mayor eficiencia, se reducían los conflictos y se alcanzaba un mejor desempeño. Estas conclusiones fueron tan satisfactorias que diversos investigadores se embarcaron en estudios más allá del ámbito gerencial.

Los últimos 15 años han sido de continuos descubrimientos. Se han dado hallazgos que demuestran que quienes practican una gratitud consistente reportan menos trastornos de sueño, inflamaciones o respuestas inmunes. Quiero detenerme un poco en este asunto, que no deja de ser sorprendente; más allá de estos síntomas externos, puede afectar procesos biológicos. La inflamación es una respuesta inmune que puede tener efectos negativos en el cuerpo, y las personas agradecidas muestran una tendencia a mejorar sus resultados en este aspecto. No entraré en detalles complejos, pero puedo decirte, por ejemplo, que llevar un diario puede tener incidencia en los valores de la hemoglobina glucosilada, asociada con las enfermedades crónicas más comunes. Hallazgos similares se han encontrado en mediciones de la presión arterial.

A lo somático se suma lo emocional. El cuerpo no es el único que se favorece, el cerebro la recibe como un estímulo en las áreas de la corteza donde se manifiestan los placeres sociales. La gente agradecida suele superar con mayor facilidad los traumas. La calidad del sueño es uno de los beneficios más notables. Lo curioso es que los alcances no se deben a una disminución de las experiencias de angustia o de la ansiedad, sino debido al incremento de los pensamientos positivos que la gratitud lleva consigo.

Los beneficios no se quedan en los equipos de trabajo, llegan a los hogares y repercuten en la vida diaria. Un estudio de Berkeley indicó que reconocer a tu pareja por las contribuciones al hogar tiene un efecto tan potente como el de la división de las tareas.[1] Estas conclusiones son una muestra de cuánto se equivocan quienes piensan que la gratitud nos empequeñece; las relaciones funcionan mejor cuando se aprecia la labor del otro y no cuando simplemente se considera que es «lo que hay que hacer». Obviamente, esta es una fórmula que funciona cuando es recíproca. Agradecer aumenta la valoración que se da y que se recibe, inspira acción y generosidad, que sirven de impulso a los grupos que integramos.

En otra publicación sobre el tema se muestra que las parejas que se agradecen con frecuencia tienen menos reservas expresando las inquietudes sobre su relación, y además se sienten más cómodas haciéndolo. Dicen que sin admiración no hay amor, tampoco lo habrá sin gratitud, que es un acto hermoso y sanador.

La Universidad de Pensilvania hizo un estudio con más de 400 participantes que escribían breves textos personales.[2] A algunos de ellos se les pidió que escribieran una carta de agradecimiento a alguien a quien ellos sentían que no habían dado suficiente reconocimiento. Los participantes que redactaban estas cartas aumentaban sensiblemente en los indicadores de felicidad que se iban registrando. Esto no logra determinar las causas de la relación, pero indica que existe un impacto entre el agradecimiento y la percepción de felicidad.

> **No verás a un malagradecido feliz. La gratitud es un requisito para la felicidad.**
>
> ❁

El gran problema es que muchos saben la importancia del agradecimiento, pero pocos descubren cómo darlo y cultivarlo, porque las cosas más esenciales de la vida dependen de cuánto hagamos para conseguirlas. Ser agradecido se aprende, se practica y se convierte en hábito si tú quieres.

Hay quienes cotizan un regalo por su esplendor y devalúan el lujo de haberlo recibido. Hay quienes solo se preocupan de lo que está en el cofre sin saber que el tesoro se queda afuera. Hay gente que siempre dice gracias, pero nunca ha podido sentirlas porque creen que salen de la boca cuando salen del corazón.

El agradecimiento se entrena; aunque es natural en nuestra biología, quizás provenimos de ambientes donde no ha sido promovido.

La técnica más común que los especialistas recomiendan es llevar un diario de lo que debemos agradecer. Respaldo totalmente esta práctica, pero la experiencia me dice que iniciarse con un método tan elaborado puede resultar un poco complicado para crear el hábito. Por ese motivo, te invito a una iniciación más sencilla. Lo que haremos es comenzar con un ejercicio más simple.

Siéntate y escribe:
Agradezco que hoy _____

Escríbela cinco veces durante dos semanas, pero no repitas un motivo.

Puede ser algo que tengas, como alguien a quien amas, o que no tengas, como una enfermedad.

Si este tema te interesa y quieres avanzar más en desarrollar el agradecimiento, cuando cierres tu día, escribe dos eventos, solo dos, que hayan generado alegría o placer ese día. Puedes escoger situaciones sencillas, como unos tacos que estaban excelentes, hasta sucesos importantes, como que te hayan aprobado un crédito que esperabas. Cuando los escojas, quisiera que escribieras los siguientes aspectos:

- Cómo te sentías antes y después de que eso sucediera.
- Qué hiciste tú para que se lograra eso que te hizo feliz.
- Anota todas las personas que tomaron acción para que fuese posible.
- Escoge alguno o todos los nombres anteriores y dale las gracias, en tus notas, por lo que hicieron.

No te preocupes por la gramática ni la sintaxis, esto es solo para ti y nadie más tiene que leerlo. La idea es que vayas ampliando tu conexión con la gratitud.

Insisto en la importancia de hacer estos ejercicios escritos porque en tu mente no siempre luce igual, escribir aclara la abstracción porque «crees» que entiendes, pero solo al intentar escribirlo verás cuánto lo dominas.

Verás los cambios.

Como otros ejercicios, pudieras creer que esto es vacío, pero se fundamenta en investigaciones que han demostrado que las personas que observan una situación favorable o aquellas que se ven libres de una aflicción aumentan sus conexiones con un agradecimiento sincero.[3] De allí que esta es una efectiva iniciación.

Quizás te cueste creer esta relación entre una acción tan elemental como agradecer y los temas de salud o puedes pensar que sobredimensiono estos vínculos, pero si lo dudas o, mejor aún, si te interesa explorar con mayor profundidad puedes consultar las publicaciones de Robert Emmons —el más reconocido en este tema—, Michael McCullough, Martin Seligman, Sonja Lyubomirsky o Tal Ben-Shahar, todos reconocidos expertos con *best sellers* publicados sobre este tema.

Los libros de historia reseñarán que el mundo se quedó sin gente agradecida.

Es que cuando se mira el cerebro en equipos que muestran la actividad neuronal, la gratitud hace que este luzca como un cosmos en formación, debido a las múltiples reacciones que causa. Las zonas estimuladas lucen como una brillante nebulosa.

Toma en cuenta este punto, especialmente si eres hombre, porque a nosotros nos cuesta más conectarnos con la gratitud. Sin embargo, cuando comenzamos a practicarla, nos beneficiamos de manera excepcional. Mujeres, lleven este mensaje a los hombres de su entorno, esposos, padres, hijos, hermanos, amigos. Una técnica para hacerlo es entregarles unas razones para estar agradecidos con ellos e invitarlos a que respondan de la misma manera.

Es un hecho que todos recibimos el «favor» de Dios (si bien no es un favor como el del hombre, está presente en todas las situaciones de tu vida). Sin temor a equivocarme te digo que hay quienes reciben más que otros, producto de la gratitud. El mundo está lleno de milagros poderosos que simplemente ocurren por la acción de un corazón agradecido.

Te preguntarás de qué nos sirve todo esto cuando los hechos no han salido como nosotros queremos. La respuesta es que nos sirve mucho, porque resulta valioso inclusive en las pérdidas, y me refiero a todas las pérdidas. Centrarse en este aspecto es una manera inteligente de abordar las penas. Claro que no es sencillo, pero hay evidencia de lo bien que funciona.

La gratitud y el enojo no pueden coexistir.

Una prueba ácida del agradecimiento son las rupturas; ya que hacerlo requiere un inmenso grado de madurez. Agradecer es un acto que ayuda a la superación de los eventos y las relaciones futuras, lo cual es fundamental si hay hijos en común. Si vas a hacer esto debes apuntar a elementos positivos, es decir, no agradezcas algo como: «Gracias por el dolor que me hizo fuerte» o «Gracias por enseñarme a no confiar nunca más en miserables como tú». Nada de eso. Conéctate con los momentos de alegrías, que seguro los hubo, y con las cosas que tu ex pudo hacer para lograrlas. Los sentimientos de gratitud hacia los que se han ido permiten un tránsito más apacible por su ausencia, aunque siga siendo igual de dolorosa. Si aún no lo has hecho, este es un buen camino al perdón.

Hay también momentos en que se le puede dar un mal uso a la gratitud. Para comenzar, siempre será nociva si es insincera. No existe provecho en una acción que no se siente porque este es un proceso mucho más complejo que decir «Gracias» y dejar todo hasta allí; no se trata de decir, sino de sentir.

Los siguientes casos son ejemplos de un uso inapropiado del agradecimiento:

- Cuando lo hacemos para desviar la atención de nuestra responsabilidad.
- Cuando una débil autoestima necesita alojar en otros los logros que no se siente capaz de sostener.
- Cuando se da de forma discriminada y no llega a todas las personas que lo merecen. En estos casos, resulta dañino aun para quienes lo reciben.

- Cuando se derrocha y se entrega por igual a quienes han hecho esfuerzos y a quienes no. Pierde su carácter.
- Cuando se usa en búsqueda de reciprocidad.

La gratitud es un gesto de nobleza y humildad, jamás de un descuento en tu valor. Amplifica lo alcanzado, demuestra que somos capaces de recibir. Dar las gracias es dejar que nos limpien las heridas, es demostrar que estamos más completos.

No veas lo que tienes como un «menos mal», «al menos», «por lo menos», porque eso terminará siendo más un reproche que un reconocimiento. Míralo como un portal a la abundancia, a la autoestima y al ascenso. Si comenzaras ahora, aunque seas la única persona que lo haga, de los miles que leerán este libro, todo el esfuerzo que he invertido en él habrá valido la pena.

Si solo sabes dar, debes también aprender a recibir y a tener disposición para crecer montando una red armada con manos solidarias. No te empequeñece, te hace crecer tanto como te dejes elevar. Pensar que agradecer minimiza tus logros es una forma de mezquindad, porque quieras o no, muchos te han empujado hacia adelante: tus padres, maestros, compañeros, empleados.

Agradece todo lo que la gratitud ha venido a darte, es un pan que se multiplica infinitamente.

SI TE SALE DEL CORAZÓN,

ENTRA AL ALMA

Capítulo 19

Las trampas de la deshonestidad

Un hombre y su hijo pequeño iban de viaje por un camino apartado. De repente, a cada lado de la ruta se abrieron enormes maizales, con mazorcas de delicioso aspecto que irrumpían en orgullosas espigas de crines doradas.

El hombre no pudo contenerse y aparcó en aquel camino solitario en el que llevaban horas sin encontrarse con otro coche. El hombre descendió del vehículo. Su hijo, que siempre lo imitaba, lo siguió. Estaban en el medio de aquel maizal perdido al borde de un camino remoto. El apetitoso maíz que crecía a ambos lados de la ruta estaba detrás de unas inofensivas cercas.

El padre decidió cruzar sin permiso. Estiró su cuello y echó una meticulosa mirada hacia atrás, con igual atención miró de izquierda a derecha; se aseguró de que nadie frente a él lo estuviera viendo. Cuando comprobó que los cuatro puntos cardinales estaban libres avanzó con la intención certera de traspasar la cerca e invadir la granja para tomar consigo unas de esas mazorcas gordas que tanto deseaba. Volvió a mirar, atrás, derecha, izquierda, adelante, y dio el paso definitivo hacia la cerca, pero su hijo lo detuvo: «Papá, se te olvidó mirar hacia arriba».

> **Haz lo que quieras, pero si te lo hacen a ti, traga, aguanta y no te quejes.**

Una persona íntegra no es aquella que le muestra una cara al mundo y otra cuando nadie la ve. La integridad no se determina por el lugar, la compañía o una situación, es algo que nos confirma y afirma desde lo interno.

En el sentido estricto de la palabra, lo íntegro es aquello que no carece de ninguna de sus partes, que tiene todo lo que debe tener, lo que, por definición, también incluye lo más oscuro y vil. La integridad muestra coherencia con aquello que se lleva dentro de su corazón.

Un fragmento desprendido no nos dice cómo es una pieza, tenemos que armarla para conocerla. Lo que no está hecho pedazos, en cambio, lo reconocemos desde cualquier perspectiva en que lo miremos. Lo mismo sucede con una persona a la que puedes reconocer en cualquier

-UN NIÑO ME LA ENSEÑÓ.

@DanielHabif

¿DÓNDE APRENDISTE INTEGRIDAD?

@DanielHabif

faceta, pública y privada, porque hace lo mismo cuando la ves y cuando no.

En estos tiempos se valora demasiado la relación costo–beneficio, y eso nos distancia de la integridad, pero sigue siendo posible ser quien eres, estés donde estés, sin importar quién te acompañe ni las circunstancias en las que te encuentres. Puede que lo veas como algo difícil, y tienes razón.

¿Entonces cuál es el punto de esta conversación si es tan difícil encontrar a gente en la que se pueda confiar a pesar de que hay muchos que proclaman su propia bondad, aunque sus actos los contradicen?

Hablo de la integridad porque es una meta sublime; el simple hecho de comprometerte a alcanzarla es el convoy que te conduce a ella. Buscamos ser íntegros porque en el fondo deseamos tener un corazón que agrade a Dios, porque queremos corresponder a Su gracia andando al ritmo de la voluntad divina y confiamos en que será nuestro boleto de entrada a la vida eterna; confiamos porque nuestro testimonio habla más que todas las palabras que seamos capaces de pronunciar.

La Biblia dice que no hay un solo ser humano completamente justo, que haga lo bueno siempre. La integridad no tiene como fin que nos sintamos mejor que otros, porque en su naturaleza no hay orgullo ni soberbia; además, es un asunto estrictamente personal porque seguimos siendo honestos en la soledad.

El ser íntegro sabe que si confiesa sus pecados serán perdonados y cuando lo hace se acerca un paso a esa hermosa meta. El ser íntegro es el que puede vivir confiado de no voltear sobre su hombro. Es aquel que cuando sus emociones le golpean con fuerza se tambalea, pero no cae porque se sujeta de su fe. El ser íntegro escoge hacer lo correcto sin importar el precio social, individual o económico que implica; sé que suena imposible, pero aun así te invito a subir al podio de la honra y del valor.

> **La integridad es un regalo que le das a Dios, y Él toma pedazos para ofrecerlos a los demás.**

Si entrenas, poco a poco dejarás de tolerar la corrupción: no ocultarás información, no engañarás para controlar ni mentirás para aparentar. Comenzarás a ser libre, y la libertad es un regalo y una consecuencia de vivir en integridad. Y esto no lo lograremos viviendo separados de Dios. Es la lucha entre la conveniencia y la convicción, pero solo el ser que busca lo superior se anota en la aventura de ser mejor.

Me encanta pensar en el patriarca José como un hombre que practicó intensamente la integridad. José administró riquezas que no eran suyas, pero las cuidó y las hizo prosperar como si lo fueran. Trabajó con tanto ahínco que el faraón y los miembros de la corte estaban satisfechos con él; esa complacencia se extendía a toda la nación porque los ciudadanos le confiaron sus destinos. Él encontró maneras de darles provecho sin descuidar la posición de autoridad que ocupaba en la casa real.

La integridad es la profunda base del carácter personal y el cimiento de todas las virtudes. Sin esta no seremos capaces de soportar el peso de los atributos que Cristo quiere añadir a nuestras vidas; sin duda, se nos cerrará el camino a la humildad. ¿Cómo podemos ser humildes si carecemos de la facultad para reconocer nuestras falencias y debilidades?

Solo alcanzamos un nivel superior de nobleza cuando somos capaces de reconocer nuestros errores y admitir que no somos perfectos; al mismo tiempo tenemos que saber que formamos parte de una sociedad que se encarga de poner sus culpas sobre los demás, pero la persona íntegra que soporta sus faltas se libra de los pretextos y de las excusas.

Admitir nuestros errores no debería hacernos menos confiables; por el contrario, refuerza la seguridad de que sí podemos aprender, aunque afuera están prestos a crucificar a los que se disculpan. Estos nos lanzan al linchamiento de la multitud para no sentir tan pesada la miseria que son, nos quieren ver ardiendo para que no se note su hedor. Eso dista mucho de lo que debemos ser; es doble moral, hipocresía en su máximo esplendor.

¿Cómo podemos arrepentirnos y ser limpios si solo mostramos una parte de lo que somos? Es necesario hablar de todas nuestras oscuridades y expiarlas, enseñarlas y no avergonzarnos de tenerlas. Solo aceptándolas podemos estrecharlas.

La integridad no solo es hacer lo lícito, lo que se considera correcto o lo que se espera de nosotros, es hacer lo que está en sintonía con lo celestial. Son tiempos donde la legalidad no se ajusta a los patrones de lo eterno. Por eso nos es necesario adherirnos a un código más elevado, uno que sea el sello distintivo de nuestra humanidad porque la integridad se basa en consecuencias e implicaciones eternas, carece de visión, no es un simple cambio provisional de conducta; es un cambio absoluto y permanente de naturaleza. Es una cualidad que se entrena todos los días.

Esta meta suprema nos llevará a ser ecuánimes, amorosos, empáticos, justos, sabios, imparciales, objetivos, neutros y equitativos. Majestuosa recompensa espera a quienes se enfoquen en mantener su integridad. Cualquiera preferiría tener en su vida a una persona que mantiene su palabra, que cumple sus obligaciones, que guarda sus promesas. Quienes quieran ser inquebrantables deben buscar ser ejemplos de rectitud.

La integridad es, como ya lo hemos dicho, la solidez que mantenemos en elegir la opción correcta, aun cuando nadie nos esté observando. Por otro lado, lo honesto es que nuestras acciones sean consistentes con nuestras creencias. No somos perfectos, ni podemos serlo. De allí que hacer una lista de nuestras deficiencias y confrontarlas es liberador.

> **La honestidad es optar por lo correcto cuando nadie te ve.**

Nuestro continente ha sufrido durante años porque un segmento importante de la gente no percibe la corrupción como algo despreciable, sino como una manifestación de maña y astucia, al punto de que una porción nada pequeña de los habitantes se burla de quienes pasaron por posiciones de poder sin enriquecerse. Obviamente, de la boca para afuera hay una condena, pero eso no se corresponde al comportamiento social. Claro que todos odian a los «políticos corruptos», pero muy pocos faltan a la fiesta del primo policía o del cuñado regente que han hecho dinero con extorsiones o mordidas. No contamos con un proceso de autorregulación donde las personas rechacen a quienes violan los principios que son fundamentales para ellos. La autorregulación es necesaria para acabar con este mal inmundo, base de buena parte de nuestro atraso.

Creemos que nuestros países son pobres porque los sistemas están podridos, pero esa verdad está incompleta si no le sumamos los desvíos que también suceden en la actividad privada, pero sobre todo en la personal: saltarnos la fila, hacer trampa en los formularios, echar basura a la calle. Hasta en los países más evolucionados hay manzanas podridas, pero solo las naciones que toleran la corrupción individual terminan infectando a la institucionalidad pública hasta el tuétano. Sin autorregulación, decir que «todos roban» no es más que una confesión.

Es indispensable que hagamos un viaje dentro de nosotros mismos, que podamos medir la distancia entre lo que decimos que despreciamos y lo que hacemos.

Las deficiencias siempre pueden ser campos fértiles para la mejora. Analizarlas sin miedo permite ganar perspectiva sobre cómo nos evaluamos. Así podemos mirar cuán empáticos podemos ser hacia los otros sin flagelarnos, analizando nuestras deficiencias de una forma objetiva. Una opción es imaginar a otros haciendo las cosas que debemos corregir. ¿Cómo lo tomaríamos? ¿Con cuánto amor lo abordaríamos?

El tema es que la integridad es un asunto absoluto; no debe ser definido dentro del espacio relacional. Te explico esto con un ejemplo sencillo: supón que una persona le es infiel a su pareja. Lo más probable es que no tenga mayores problemas para contarles eso a sus amigos más cercanos porque de estos no recibiría reproches (lamentable, lo normal es que sea todo lo contrario), pero quizás sienta vergüenza de decirle lo mismo a su madre. Quizá celebres con tus compañeros que alteraron las cifras para ganarse un contrato, pero ¿se lo dirías a tus hijos? ¿Celebrarías que ellos alteren sus calificaciones para ganarse un regalo que tú les prometiste?

Yo solía ser impuntual, hasta que llegué tarde a la vida. Por ello, una de mis deficiencias es la mínima tolerancia que tengo hacia la indisciplina. Suelo ser radical en ello, y me cuesta tolerar justificaciones. Es posible que haya quien pueda verlo como un atributo de excelencia, pero se convierte en un problema cuando los estándares crean conflicto con gente a la que quieres y respetas. No quiero tener algo que le pueda contar a mi esposa, pero no a mi mánager o a mi madre. Lo ideal es mantener una conducta en la

> que no haya nada en tu vida que te genere vergüenza al contarlo a unos y no a otros.
>
> Revisa tus acciones y mira cuántas puertas de relaciones. Tener muchas quiere decir que estás fallando en integridad. La cantidad de puertas tiene que ver con el número de filtros de personas a las que les puedes contar ciertas cosas sin que te dé vergüenza.

Hay un expediente contigo que necesito cerrar ya. Aunque me pagues lo que me debes, igual me quedarás debiendo el tiempo que perdí confiando en ti. Al final se te vieron las costuras: hiciste un magistral papel de amigo amoroso, pero al final quedaste como un vulgar moroso; lo demás solo era escenografía.

También soy responsable porque te dejé comer de mi corazón. Te serviste dos platos llenos de gratitud y te fuiste sin dar las gracias, tal como el desdichado que solo pide y nunca da. Un juego vil, un juego maltrecho de índole ruin.

Lastimoso y desventurado lo que ha sucedido. Por mezquino y por tacaño arrojaste al fondo del mar aquello que se erigió con la ilusión de una amistad. Me tocó hacer un inventario exhaustivo de las deudas vitales y me quedas debiendo el esfuerzo, los pensamientos, los mensajes, las emociones y el tiempo que no supiste valorar, y valor no es sinónimo de precio. Desventurado el que intercambia valor y precio, desdichado el que convierte en saldo lo que debe ser guardado en el corazón.

Has demostrado una vez más que a la gente no se le conoce por cómo llega, sino por cómo se va. Siempre quise indagar sobre los orígenes de la miseria, pero contigo no se pueden conocer los orígenes porque eres puro final.

> **Lo que tiene precio puede variar, pero lo que tiene valor jamás lo hará.**

Tengo derecho a decirle a tu honor menguado, a tu ausente probidad, que me robaste. El que no sienta rencor y que te haya perdonado de forma tan absoluta, como nos lo pide el padrenuestro, no significa que deba ocultar cómo me siento. Porque es sanador hacer catarsis y este ejercicio de escribir previene que algún día yo le haga a alguien algo como lo que tú me hiciste. Por otro lado, espero que estas palabras puedan abrirte los ojos a ti o cualquiera que se porte como tú conmigo. Aún recuerdo cuando te pedí la hora y te quedaste con unos minutos.

Eres recluso de tu avaricia, fantoche de marqués en quiebra. No deberías estar robando porque tienes tanto talento para la mentira que podrías abrir una academia para entrenar populistas. Amigo en quiebra, vende tu vergüenza, incluso tu nombre si te es necesario, pero aprende de una vez que las promesas no dependen de la oferta y la demanda, no son un valor subjetivo, no son un valor cuantificable, no se ajustan al precio, no tienen volatilidad, no varían con el tiempo.

Los que piensan como tú van del aprecio al desprecio, de lo caro al descaro. Qué osadía la tuya de robarme la valía del cariño y la confianza, me asombra tu profundo conocimiento de la hipocresía. Yo no quedé en deuda contigo, no te quedé debiendo tiempo ni amor. No quedé en rojo en la cuenta de calidad ni en la de gratitud; mi pecho fue puntual en el abrazo y mi hombro firme en las desdichas. A una persona buena no se le pide que lo sea, simplemente lo es.

Dios me consuela en tu estafa, porque sé que me regresará 101 % de lo que me quitaste. Estoy seguro de que Él me lo dará. A los que creen en las restricciones de la sociedad, les pido que respeten los plazos para pagar las deudas porque asumirlos y satisfacerlos es un concepto espiritual, más que un asunto económico. En alemán, *culpa* y *deuda* comparten la misma palabra, ambas caben en el mismo vocablo porque la culpa no es otra cosa que la certeza de que tienes que pagar.

La conciencia, la redención y la gratitud son parte de las finanzas del reino, y el mínimo absoluto que establece Dios para aquel que pide prestado se encuentra en Salmos 37:21: «Los malvados piden prestado y no pagan, pero los justos dan con generosidad».

Si no queremos ser considerados como descarados debemos devolver el dinero que un día nos prestaron, devolver la confianza porque no existe ninguna diferencia si las circunstancias que nos impiden pagar están fuera de nuestro control. No hay excusa; si tenemos una deuda, tenemos que encontrar la forma de saldarla. Busca a tu acreedor con la verdad y dale la cara, esconderte no va a resolver las cosas; por el contrario, hará más profundo el abismo de tu caída.

No puede valorar la amistad quien a todo le pone una etiqueta de precio.

La Palabra no tiene ni un solo versículo que le diga al que necesita dinero que no lo pida, pero tampoco encontrarás en ella una excusa para justificar un incumplimiento.

El problema no es pedir un préstamo, sino pedirlo sabiendo desde el primer momento que no lo pagarás.

De todos modos, aunque aquí dejes de pagar hay un lugar donde sin duda lo harás.

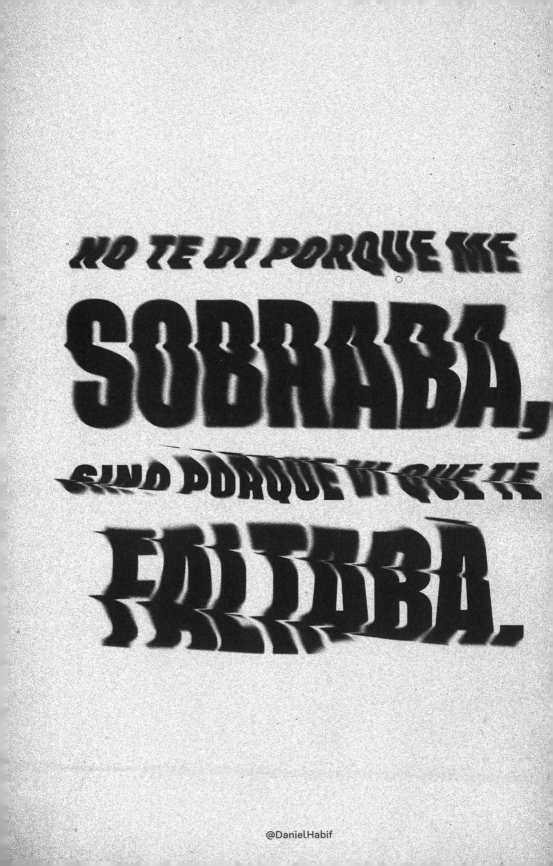

NO TE DI PORQUE ME SOBRABA, SINO PORQUE VI QUE TE FALTABA.

PAUSA PARA REFLEXIONAR:

LA VOZ DE DIOS

Me preguntan: «Y, entonces, Daniel, ¿por qué amas a Dios y siempre hablas de Él?».

Simple: es lo que abunda en mi corazón.

Confieso que en ocasiones quisiera hablar de otra cosa, pero siempre termino hablando de Él; busco no mencionarlo, pero se me sale como cuando toses y escupes la comida. Es una llenura, es un géiser en el centro de mi pecho, es una relación multimodal, es una fortuna que he cultivado durante años. Es mi amigo, mi padre, mi rey, mi general, mi consejero, mi socio, mi salvador, mi todo. Es lo más importante que existe en mi vida, estoy enamorado de Él porque lo siento en todos lados: mi vida es un milagro.

«Pero, Daniel, ¿cómo puedes amar a Dios si jamás lo has visto?».

Simple: de la misma forma en la que muchos odian algo en lo que no creen.

Por años fui un pez fuera del agua, un moribundo arrastrándose por los suelos, revolcado de insomnio en insomnio; el foco prendido y el aire eran mis únicos amigos, pero conocí al Todopoderoso, nunca dudé de Su existencia, pero jamás lo había buscado como lo busqué aquel día. Alcé mis manos al límite e imploré misericordia. Yo era una oveja perdida, pero no dejé de ser Su oveja; a pesar de todo lo que soy, y de lo que Dios sabe de mi pasado, de mi presente y de mi futuro, me demuestra diariamente que no pierde el amor y la ternura con la que me invita a seguirle sin importar mis actos. En cualquier momento del día encuentro un espacio para escuchar la voz que Él me ofrece cuando la requiero.

Pero no lo escucho de la misma forma en la que suenan las personas; Su sonido retumba en el viento poderoso que rompe en las montañas y sacude la hierba, siento cómo retumba en los rayos del cielo y en el crujir de los caminos. Así como lo hizo Elías, que lo escuchó después del fuego, en un silbo apacible y delicado. Por ello aprendí que para oír su «suave murmullo», debo guardar silencio, que es otro de sus idiomas. Supe que para comprender la divinidad de su mensaje debía renunciar a mi propia voluntad y a mis deseos.

Admiro la ciencia y lo que esta hace posible, pero Dios ha sido el cirujano de mi destino; Él realizó la transfusión que me devolvió la vida, colmó mis venas y mi espíritu. En ocasiones debemos aceptar que nuestro estado es tan deplorable que necesitamos una dosis más fuerte, un tratamiento que ninguna medicina pudiera brindarnos. Yo decidí entregarme por completo a Él, y fue Él quien me salvó y continúa salvándome de mí mismo.

Hoy sigo siendo un forastero, un pecador, pero ahora bajo Su justificación y gracia he recibido todo lo que tengo y todo lo que soy.

Oír Su voz y obedecerla me ha hecho feliz, por ello deseo que tú también la escuches.

Busca Su voz, que es la guía y la ayuda interna que te induce a lo agradable y a lo bueno. Búscala y espera paciente la respuesta, porque Él jamás deja de responder.

«El que tenga oídos, que oiga»

EJERCICIO:

TÉCNICA DE LIBERACIÓN EMOCIONAL

Exploraremos una herramienta que combina principios fundamentales de meditación y reflexología. Como habrás comprobado hasta el momento, muchos de los capítulos tienen información basada en estudios científicos y en procedimientos clínicos avalados. No obstante, tal como sucede con los movimientos oculares, esta técnica aún no termina de perforar la aceptación del mundo académico, aunque puedo decir que su efectividad ha sido probada en varios estudios académicos, el más conocido publicado por el Centro Nacional para la Información Biotecnológica de los Estados Unidos. [1]

Cuando exploramos el ejercicio anterior introduje el tema de la aceptación clínica y puse el ejemplo de la meditación, que en principio fue descalificada en Occidente donde ahora goza de una categórica aceptación. Si la comparto contigo es porque he comprobado su efectividad en carne propia, y por los beneficios que han encontrado en ella decenas de personas que la practican. Yo he recibido, sopesado y analizado sus críticas, he tenido una experiencia exitosa con este procedimiento, por lo que te invito con confianza a seguirlo. De todos modos, tú puedes analizar los testimonios de las personas que se han beneficiado de ella y leer las críticas que ha recibido.

Fuera de los reparos de ciertos académicos, debo decir que este método rompe con muchos parámetros establecidos, y lo novedoso genera miedo, y al miedo lo rechazamos. Buena parte de las críticas a este modelo y a otros similares tiene que ver en buena medida no con su falta de investigación, sino en la poca disposición de sus detractores de ponerlo a prueba.

Luego de este preámbulo puedo mencionar los aspectos generales de la herramienta que se llama Técnica de Liberación Emocional, conocida principalmente como EFT, por sus siglas en inglés.[2] Su finalidad es la de dejar fluir ciertas cargas emocionales combinando procesos de aceptación y con estímulos en puntos ya probados en la reflexología tradicional. Esta activación refuerza las señales que el cerebro procesa con el ejercicio de aceptación y liberación.

Esta práctica tiene ya 30 años desde que fue desarrollada por Gary Craig, estudioso de la psicología energética, pero su origen es aún anterior dado que es una adaptación de otra propuesta conocida como Terapia del Campo de Pensamiento o TFT (por sus siglas en inglés),[3] concebida por el psicólogo Roger Callahan, al que Craig estudió con dedicación.[4] Callahan combinó su experiencia personal con sus conocimientos de la acupuntura y la medicina china, motivos que ya le alejan de los modelos convencionales. Luego de practicarlo consigo mismo, Callahan hizo converger ejercicios de pensamiento con la pulsión de los puntos utilizados en la reflexoterapia para conocer el efecto que estos tenían en sus pacientes. El psicólogo reportó resultados bastante satisfactorios hasta que se normalizó el modelo.

La TFT es una terapia de equilibrio emocional que se apoya en la acupresión, pero luego de estudiarla con detenimiento, Craig consideró que, a pesar de ser efectiva, resultaba compleja para la autoadministración, por lo que desarrolló una versión más aplicable para el público en general. Aunque la EFT no está diseñada para que la practiques sin el apoyo de un experto, es mucho más sencilla de asimilar y de seguir que la TFT. En resumen, la EFT es más simple y aplica la misma base conceptual que su predecesora. El uso recomendado, y para el cual yo la utilizo, es la disminución de los miedos. Comencemos, pues, a conocerla.

Antes de comenzar a practicarla, realiza una evaluación subjetiva de disconformidad, como se explicó en los ejercicios de respiración diafragmática. Dale un peso a cómo te sientes en lo que tiene que ver con esta sensación que estás abordando. Busca un lugar donde te puedas sentar cómodamente. Evita distracciones, si hay otras personas contigo, diles que eviten interrumpirte. No olvides apagar el teléfono y fijar un tiempo determinado para hacerlo y luego quedarte un rato en calma. Afortunadamente, esta es una técnica que requiere sesiones breves.

Lo primero que debes aprender son los lugares donde debes hacer los contactos.

En la cabeza

1) **Superficie del cráneo**: justo en el centro del tope de la cabeza.

2) **Sobre la cuenca**: justo donde confluyen la ceja, el ojo y la base de la nariz.

3) **Cuenca lateral**: en el extremo exterior del ojo. Debes tocar el borde del hueso donde se forma la cuenca.

4) **Cuenca inferior**: nuevamente en el borde que hace la cuenca del ojo, pero en esta oportunidad en la zona inferior del ojo, a un dedo de distancia de donde salen las lágrimas.

5) **Arco de Cupido**: entre la nariz y el labio superior, donde estaría el bigote de Charlot, el vagabundo de Charles Chaplin.

6) **Barbilla superior**: busca debajo del labio el lugar donde la piel comienza a levantarse y se siente el hueso más hundido.

En el cuerpo

7) **Clavícula inferior**: este es el punto más complicado de encontrar porque queda debajo del inicio de la clavícula, pero no sobre ella. Lo encontrarás debajo de la clavícula en la parte más cercana al esternón. No te preocupes si no lo encuentras porque mostraré cómo hacer la presión.

8) Lateral del torso: está ligeramente debajo de la axila. Los hombres pueden encontrarlo si lo buscan a la altura de sus tetillas. Las mujeres tendrían como referencia la base de su seno.

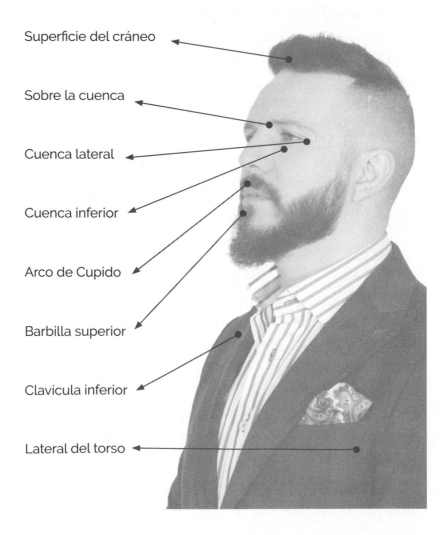

Superficie del cráneo

Sobre la cuenca

Cuenca lateral

Cuenca inferior

Arco de Cupido

Barbilla superior

Clavícula inferior

Lateral del torso

En la mano

9) **Borde de la mano**: es la parte de la mano opuesta al pulgar. Justo en la parte de la mano que usarías para dar un golpe de karate.

Ya que conocemos los puntos de contacto, comencemos con los pasos necesarios.

Luego de escoger el lugar donde harás la sesión, iniciarás con unas respiraciones diafragmáticas, como las que hemos visto antes.

Te explicaré el ejercicio con la mano derecha como dominante, pero cualquier mano que uses será igual. Comienza con leves golpes con los cuatro dedos de la mano derecha sobre el *borde de la mano* izquierda. Mientras se

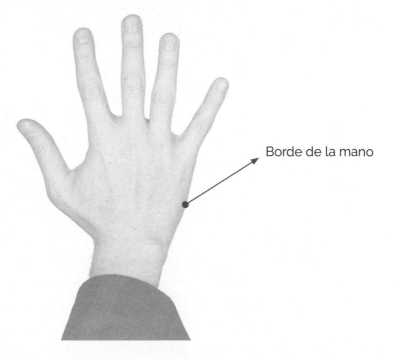

Borde de la mano

dan esos golpes mencionarás una frase que conlleva la aceptación del miedo que te afecta. Vamos a suponer que el problema es que tienes un miedo a la crítica, que te hace sentir un ahogo y una angustia paralizante. Este es solo un ejemplo, tú hazlo con el miedo que tengas.

Mientras das los golpes en el *borde de la mano* dirás: «Aun cuando tengo todo este miedo a que la gente me critique, y este me causa ahogo y angustia, me acepto así y confío en mi capacidad para superarlo». Repite esto tres o cuatro veces.

Aquí viene el primer tema que mucha gente rechaza cuando hacemos este ejercicio: la aceptación. A la mayoría le cuesta aceptar los problemas y eso se debe a que nos han enseñado a confundir la aceptación con la sumisión. Cuando una persona sufre acoso por parte de un compañero de trabajo, por ejemplo, lo primero que debe hacer es aceptar que esa situación sucede, solo así será un hecho sobre el que se pueda trabajar. La aceptación no es sumisión ante quien te agrede, es identificar la realidad de lo que está pasando. Debes internalizar que te intimidan las personas de otro sexo, que tienes miedo a hablar en público o que te aterra volar, solo entonces puedes hacer algo para superarlo.

Luego de decir esta frase de aceptación nos damos unos diez golpecitos en la *superficie del cráneo*. Es extremadamente importante mantenerse conectado con el sentimiento negativo que nos produce la situación mientras hacemos esto, por lo que es recomendable repetir el motivo por el que estamos realizando la sesión. De esta forma, mientras nos palmeamos la *superficie del cráneo*, diremos: «Tengo miedo a la crítica. Me produce ahogo y angustia». Repítelo si es necesario.

Luego, con los dedos índice y medio —sigo usando la mano derecha—, date unos tres en cada uno de los puntos del rostro: *sobre la cuenca, cuenca lateral, cuenca inferior, arco de cupido* y *barbilla superior*. Con cada serie de golpes te concentrarás con esa sensación de la que te quieres aliviar, para esto sigue repitiendo: «Tengo miedo a la crítica. Me produce ahogo y angustia».

Los siguientes golpes los daremos en la *clavícula inferior*. Como este punto es complicado de hallar, lo que recomiendo es que uses el pliegue de la muñeca, que es donde se encuentran la palma y el antebrazo, donde estaría la hebilla del reloj si lo usaras en la mano derecha. El último punto, *lateral del dorso*, lo vas a activar dándole unas palmadas.

Vas a volver a hacer el ejercicio tantas veces como sea necesario, pero cada ciclo lo iniciarás desde la *superficie del cráneo*, no con golpes en la mano. Seguirás repitiendo: «Tengo miedo a la crítica. Me produce ahogo y angustia». Haz unas siete o diez vueltas. Cuando te detengas, evalúa cómo te sientes y si disminuye la sensación negativa que te causa la emoción. Por ejemplo, antes de comenzar estima cuál es tu nivel de ansiedad —digamos que era un ocho de diez— y luego vuelves a preguntarte usando la misma escala. Esto te permitirá saber si las acupresiones te están aliviando. Nadie estará contigo ni te juzgará, así que no te queda más que la honestidad.

Si tienes curiosidad, en mi curso *Al carajo el miedo*, profundicé con detalle en cómo se realizan los toques y su combinación con las frases.

Con la práctica, y en la medida en que vayas teniendo éxito y sientes una liberación significativa de la respuesta del miedo, puedes ir introduciendo ciertas frases para reforzar el pensamiento positivo relacionado con el problema que padezcas, por ejemplo: «He avanzado en este miedo, acepto que lo tengo y agradezco por lo que he avanzado», «Seguiré luchando por superar el miedo a la crítica y lo borraré por completo de mi vida». Introduce frases similares a estas solo si terminada la sesión sientes que hay un alivio destacable comparado con la primera sesión.

La propuesta teórica detrás de esta herramienta es que estimular los puntos con las pulsaciones tiene un efecto sobre la amígdala, lo que reduce las reacciones que el cerebro tiene ante los eventos que nos afectan. Esto se fundamenta en que la amígdala juega un papel en los procesos que desactivan los condicionamientos que soportan el miedo. Todo indica que, en pacientes con síntomas postraumáticos, esa parte del cerebro se activa e influye en las respuestas. Es como si nos apagaran el mecanismo de defensa que se prende cuando pensamos en eso que nos produce miedo. De allí la importancia de aceptar y mantenernos conectados con la sensación negativa. La idea es que se suavice el agobio que nos ocasiona, tal como me sucede a mí cuando he utilizado la EFT.

Precisamente por este principio, la herramienta no funciona para temas genéricos ni para un cúmulo de problemas combinados; hay que abordar un asunto a la vez, que debe ser específico e intenso. Lo que quiero decir es que no debes hacer la EFT para resolver sensaciones que no puedas identificar con claridad o que no comprendas la naturaleza de su origen. Como estas, hay otras prácticas similares como la terapia de refugio *(havening)*, técnicas neuroemocionales o la desensibilización y el reprocesamiento por movimientos oculares, que vimos en el segmento anterior.

Aceptar es un ejercicio sanador que te libera de sensaciones asfixiantes. La verdad no cambia ni deja de existir porque no quieras escucharla o saberla. Algunas veces duele, por ello te pedirán que mientas. Aprendes a mentir para que no duela, y te acostumbras a mentirte a ti.

Cuando comprendes que el dolor de la verdad es más sanador que las caricias de la mentira, verás que las puedes liberar. La verdad no es deseo, porque eso cualquiera lo tiene, la verdad no es una intención ni una convicción. La verdad es luz que guía a los que apuestan por ella, acéptala y hazla tuya.

¿SERÁ QUE ESE DOLOR
QUE TRAES EN EL CUELLO
ES DE TANTO MIRAR ATRÁS?

@DanielHabif

PARTE 5

A Dios el miedo

¡Te haré inquebrantable como el diamante,
inconmovible como la roca!

Ezequiel 3:9

Soy ese soñador que está obsesionado con ayudar y motivar a la mayor cantidad de personas. Quiero llegar a los que piensan que ya no hay espacio para ellos, a los que no se creen capaces de superar la barrera del miedo, a los que quieren quedarse sentados viendo el mundo desde el borde, a los que evitan la posibilidad de sufrir por intentar y se refugian en el seguro sufrimiento de no hacerlo.

Te entrego este libro con el deseo de haber hecho algo para que entiendas que, al final, el miedo está de tu lado; es un mentiroso pendenciero, sí, pero lo único que intenta es protegerte, muchas veces de maneras inconvenientes, como las de una madre que impide jugar a su hijo porque puede caerse.

Ya sé que lo has escuchado una y mil veces, pues aquí va otra vez: quiero verte soñar sea lo que sea que estés viviendo.

El miedo no tiene cabida en un alma fortalecida por sus objetivos.

Quiero que des ese paso inicial que te lleve a lo que quieres ser, quiero que le digas adiós al miedo. Tú eres quien provoca lo que hace bien y lo que hace mal en ti, así que en nuestras manos está volver a intentar.

Estas páginas te llegan tras meses de incertidumbre, retrocesos y muerte, pero en un momento en que la vida nos da una oportunidad irrepetible. Desde el fin de la Segunda Guerra Mundial, la humanidad por completo no había tenido una situación similar a esta para cambiar de forma determinante, pero quizás ni siquiera entonces se había producido una invitación tan manifiesta al cambio individual, aquel fue un momento de reordenamientos geopolíticos e ideológicos, este debe impulsar en un profundo cambio espiritual. La rutina en la que nos movíamos se detuvo en un periodo de reclusión, inseguridad, pero también de reflexión y reencuentro.

Durante las primeras semanas de la pandemia solo decíamos que la humanidad no saldría de ella igual, pero mientras escribo estas páginas finales hay violencia en nuestras calles, el Medio Oriente estalla, arrecian las opresiones y la intolerancia gana espacios en el primer mundo. Seguimos siendo iguales en lo peor de nosotros porque seguimos alejados de

QUE NUNCA NOS FALTE EL AMOR; Y SI NOS FALTA, LO HACEMOS.

@DanielHabif

Dios, y sin Su guía certera en nuestras vidas, podemos perder esta ocasión irrepetible. No la dejes pasar.

Hoy tienes la oportunidad de no volver a engancharte con tus problemas, tú pintas del color que quieras la hoja en blanco de tu vida. Te aseguro que vale la pena volver a jugar con ganas, ponerte de pie tomado de la mano de Dios para poder volar a la sombra de Sus alas. Por ello quiero que vuelvas a Dios y que Él te llene de gracia, de amor y de bienaventuranza. Quiero verte tocar la cima de tus más grandes deseos y pactos, quiero verte feliz y más alegre. Dios está y estará con nosotros.

Para conseguir lo que quieres, primero debes entender que no hay nada que demostrar, no tienes por qué fingir nada, ni demostrar quién eres, deja que otros emerjan y hasta te sobrepasen, enfócate en lo que realmente importa: dar sin pensar en obtener. Este es un amable recordatorio para una vida mejor. Ve por tus pasiones que no suelen aparecer en los cheques quincenales.

> **Si haces con excelencia lo pequeño, estarás preparándote para la grandeza, la honra y lo bueno.**

Perfecciona las cosas básicas antes de volverte elegante e importante, toma decisiones cortas y efectivas que te aseguren pequeños trofeos. No te subestimes, nunca inicies con un «no» en la boca ni en el corazón. Activa el amor, no te tomes tan en serio, enfrenta las adicciones, agradece, aprende algo nuevo, cree en el cambio, toma el control y, sobre todo, prioriza tu espíritu. Esta conciliación de hábitos y creencias conjugan una galaxia en la que no cabe el miedo paralizante.

Te entrego este libro con la esperanza de que vuelvas a creer como solo creen los niños. Vuelve a amar, a inventar, a proponer, a surcar; vuelve a tener miedo para que hagas una antorcha con él.

Soy antorcha, llama revuelta, chispa inquieta que consume el leño sin pausa ni tregua. Destello en la madera de la cruz, de las llagas de mis palmas brota luz. Soy lumbre primitiva que se acrecienta, incendio voraz que devora furiosamente las tristezas. En los vestigios del dolor soy la fogata en la que el frío busca calor.

La vida se extingue, y como las brasas, queda deshecha. Los recuerdos se inflaman en los «hubiera» de este mundo saturado de cenizas, de Ícaros de prisa.

Llama del amor, haz arder mi corazón indómito.

Llama de la pasión, enciende el sueño eterno.

Llama del espíritu, reparte los dones para que lo oscuro y ciego se colme de luz y guíe al hombre en el sendero.

Llama de la sabiduría, avergüénzame si me vuelvo un necio.

Llama de Cristo, antorcha divina, ilumíname hasta el último de mis días.

¡Oh!, llama de la muerte, festejo tu derrota. Mi Padre te venció.

La mejor manera de recibir la verdad no es con palabras, sino con sentimientos, ese es su lenguaje porque todo lo demás está limitado por nuestra fracturada forma de darle significado a las palabras.

Ora sin palabras, sin sonidos. Ora, aunque sientas hartazgo de buscar y buscar. Ora, aunque haya quien lo vea inútil y risible. Desemboca en la oración tus cargas, hazlo en simpleza, en humildad, en disciplina y en obediencia.

No hace falta llegar al punto de que se te doblen las piernas para comenzar a usarlas. Orar supera el ritual, no dejes que la tradición se sobreponga a la genuina intención. Algunas veces, puedes orar sin sentir nada, es un acto necesario también es un acto de superar el etnocentrismo donde la fe por fin ha crecido por encima de la necesidad de una experiencia.

No puede ser más importante el ritual que la intención. La tradición no está por encima de la relación. No te avergüences de permanecer en silencio ante Dios; porque, aunque no tengas nada que decir, eso también es una plática y una cita divina.

No dejes de orar, por favor. Hazlo. Aunque te parezca irracional, el simple hecho de presentarte con las manos vacías es un mensaje hermoso para Dios, deja que Su Espíritu hable y resuene en ti.

Él no es como el mundo que te busca lo malo, sino todo lo contrario; te mirará como arte y como su hermosa creación. Dios puede manejar todo lo malo que hay en ti, y al mismo tiempo puede usar todo lo bueno que hay en ti.

¡Está a tu favor! Él te ama.

Sal de la senda oscura y regresa a la luz.

Si no eres creyente, estas palabras te sonarán exageradas. Si tienes otra fe, pudieras sentirlas estrechas; no quiero que lo veas así. Yo hablo desde la certeza, pero puedo asegurar sin pasiones que no hay mejor método para vencer los miedos más profundos que robustecer la dimensión espiritual.

Nos han convencido de que el mundo sería mejor sin tantos dioses, que se hubiesen evitado muchas guerras, masacres y genocidios. Notables filósofos han centrado su carrera en demostrar la inexistencia de Dios o en creer que podían asesinarlo. Lo que nunca entendieron fue que las grandes crisis religiosas no han tenido nada que ver con Dios. La violencia religiosa pertenece exclusivamente a los hombres; en efecto, pensar que alguien cree en algo diferente a nosotros produce miedo, y ese miedo conduce a la superstición, al rechazo y al rencor.

No importa si no crees en Dios, Él sí cree en ti.

La presencia de Dios en nuestra vida está ligada a nosotros más íntimamente de lo que pensamos, y opera de forma similar en todos los credos. La neurología también se ha dedicado al estudio de lo que produce en el cerebro pensar en Dios. Investigaciones de la Universidad de Pensilvania han mostrado que las prácticas espirituales fortalecen las funciones neuronales, aunque estas se hagan sin la connotación religiosa (como de cristianos haciendo la meditación Kirtan Kriya);[1] los mismos estudios han dado sólidas evidencias de que las contemplaciones divinas practicadas a largo plazo producen cambios en partes del cerebro.

En su libro *How God Changes Your Brain* [Cómo Dios transforma tu cerebro], el neurólogo, Andrew Newberg,[2] lista las ocho mejores prácticas para ejercitar el cerebro. Newberg considera que la fe es la número uno entre ellas. Esta es tan poderosa que puede combatir el miedo porque nos llena de esperanza, nos lleva a pensamientos optimistas y nos llena de determinación.

En este punto es que los agnósticos y los ateos que me leen dicen: «¿Y si Dios transmite vibras tan positivas por qué hay tanta violencia?». No son las ideas divinas las que producen conflicto, intolerancia y barbarie, esto proviene de la interpretación ideológica de la presencia de Dios, que no es lo mismo ni se parece. La forma de pensar que nos hace bien física y espiritualmente solo puede realizarse en procesos de profunda intimidad, y son estos los que nos llevan a esa configuración sublime que hace que nuestro cerebro mejore y nos dé confianza y paz.

No debe haber obstáculos entre nuestro clamor y Dios. Debemos orar por un nuevo renacer y avivamiento del amor, debemos hacerlo como si no fuéramos a recibir respuesta. Clamemos como si jamás nos fueran a escuchar, alabemos hasta que se revienten las ventanas de los cielos. Como dicen los Salmos: « Si por la noche hay llanto, por la mañana habrá gritos de alegría». Llegarán los días frescos, y reverdecerás.

Cada día nos valoramos menos, he ahí una de las profundas razones del por qué nos destruimos más. No hemos aprendido a adherirnos a otras culturas y modos de pensar o como mínimo respetar sin denigrar. Aquello que no reconocemos en nosotros mismos, lo atacamos sin medida y sin escrúpulos. Nos hace falta ejercitar la piedad. Disciplinémonos en ella. Pensamos que piedad significa solo sentir compasión por quienes sufren, pero en realidad la piedad se enfoca en ser intermediarios de un conflicto, aconsejar con amor sincero, renunciar a la venganza, aunque la desees. Es tan amplio, profundo y hermoso el significado de ser piadoso, que me abrumo por completo al no ser ni un cuarto de lo que deseo ser. Por ello es propio ejercitar la piedad en cada evento conflictivo de nuestra vida para jamás ser de aquellos que odian para vivir.

Hay gente que busca que la detestes porque es la única forma de mantenerse en tu corazón, aunque sea echándolo a perder. Es su terrible sed de importancia la que poco a poco los conduce a la demencia. Seres miedosos, capaces de herir las veces que sea con tal de aumentar su nula apreciación personal. A los que no fueron amados, siempre les llamará la atención encontrar a

> **Hay quienes ven el mundo vacío sin darse cuenta de que solo están mirando su reflejo.**
>
> ✦

405

quién odiar. Ten cuidado de no darles espacio en tu corazón. No les abras la puerta porque, cuando menos lo imagines, ellos controlarán tus días, tus emociones, tus pensamientos; anidarán en tu corazón como un hongo que lo pudre mientras tú luchas por sacarlos de tu mente, buscando la fórmula para vengarte y hacerles pagar. Su rabia se ha instalado en ti como un conquistador salvaje que arrasa con todo a su paso para después colonizarte el alma con los peores deseos.

Por mucho que derriben cruces, por mucho que las quemen, nunca podrán abolir la fe que arde en los cristianos, que donde esté la esperanza levantaremos las cruces en la espalda. Aquel que cargó primero Su cruz prevalece en el tiempo, Su acto de amor es inmortal y eterno; desde lo celeste sostiene la salvación y el peso de cada cruz que tú y yo debemos sujetar.

A quienes les molesta la presencia de Cristo les digo que un hombre que murió por los otros no debería incomodar a nadie. A pesar de los siglos y sus diferencias, seguimos encontrando quien desprecia a los demás porque no comparten su raza o su ideología.

Si el mundo rechaza la cruz, llenemos de cruces al mundo. El problema no es que dejen de creer, sino que su impiedad les hace creerse dioses. Podrán perseguir a la gente de fe, matar a la gente de fe, discriminar a la gente de fe, quemar textos sagrados, pero jamás podrán vencerlo a Él. Aunque hayan querido deformarla, la cruz no conoce de ideologías; es amor, fe, redención y una enorme parte de los cimientos de la libertad. La cruz es río de vida, hogar de la justicia divina, patrimonio infinito de paz, promesa fresca del gozo celestial, es la cura de la incapacidad y del miedo.

Cuando el tiempo se acabe, y todo se haya borrado, allí seguirá, se habrá sostenido porque es el signo redentor de una imagen que fue cambiada del terror al acto de amor más grande que jamás se ha visto, sus brazos se extendieron, y nos acogen en un mismo espíritu.

Roma intentó pisarla, los materialistas intentaron pisarla, incluso algunos que la portaban en el cuello intentaron pisarla, pero ella sigue firme como árbol de vida que es.

La Tierra podrá girar tan rápido como quiera, pero la cruz no caerá. Cristo venció al mundo con dos maderos y un perdón eterno.

En un credo hay 99 nombres de Dios; en otros, una palabra impronunciable. Sin importar cómo quieras definirlo, Él está por encima de las insignias y de los fonemas. Es más grande que el dilema que los símbolos y las palabras con que se le nombra.

La fe será cada vez más perseguida, no solo por gobiernos, sino también por muchos de esos con quienes nos cruzamos día a día. Para defenderla seremos lava ante la avalancha que intente anularnos porque no seremos conocidos por nuestras pancartas de odio, sino por el amor al prójimo y al enemigo.

No hay espada que pueda abrirme tanto el pecho como para que puedan sacarme de adentro el amor que tengo por Dios.

No podrán quebrar ni doblar lo que sostiene a cada uno de nosotros desde la eternidad.

Hay herencia, hay llamado, hay esperanza, hay influencia, hay confianza, hay gloria y hay poder en tu identidad. Quienes creen cuentan con la llama que seca los miedos

A ti, que llevas cargas pesadas y empiezas a doblegarte ante los miedos.

A ti, que cruzas y sufres una separación.

A ti, que has caído en las garras de una adicción.

A ti, que no sabes cómo dejar un mal hábito y te sientes sin suficientes recursos físicos y mentales.

A ti, que has puesto la lujuria por encima del amor.

A ti, que sigues en soledad por temor a vivir lo diferente.

A ti, que no sabes cómo tomar el control.

A ti, que te cuesta agradecer lo que recibes.

A ti, que temes al otro solo por ser diferente.

A ti, que pasas el día pendiente de lo que odias.

A ti, que sucumbes a sentimientos manipuladores.

A ti, que pudiendo ser líder decidiste ser jefe.

A ti, que te ahogas en la depresión o en la ineptitud.

A ti, que sonríes, pero en verdad ya no puedes ni un día más.

Cuando creas que el viento ruge en tu contra, clama. Cuando el miedo te ahogue con la duda de que Dios te ha dejado o que no te protege, recuerda su respuesta: «Vengan a mí todos ustedes que están cansados y agobiados, y yo les daré descanso».

Hoy oro por ti, ruego por cada uno de nosotros para que seamos fuertes y valientes al cruzar los desafíos de la vida terrenal y las sendas oscuras que nos prueban por dentro.

A ti, que estás es una situación en la que el miedo te paraliza, te digo:

Dile adiós al miedo y dale a Dios tu miedo.

¿NOS DARÁ UN POCO
DE MIEDO AMAR
PORQUE NO SABEMOS
AMAR POCO?

@DanielHabif

MEDITACIONES

PUEDES ESCUCHAR ESTAS MEDITACIONES EN:
https://danielhabif.com/tusmeditaciones

NOS VOLVEREMOS A VER

Oremos...

Para todos los que hemos perdido a un ser querido en la intempestiva muerte. Este mensaje no es para pretender que nada ha pasado o para ignorar las emociones, y posiblemente en este momento no puedas ni quieras aceptarlo. No hay atajos en el proceso del dolor; la única manera de enfrentarlo es pasar sobre él. Sé que solo deseas la presencia de esa persona ausente. Yo solo quiero acompañarte el tiempo que necesites estas palabras.

Existen dolores que no se pueden describir, descifrar o nombrar. No hay eufemismos para catalogar nuestra tristeza ni alternativas que nos lleven a olvidarla. La partida puede ser la ruptura del mundo y de su orden lógico. No solo es inmenso el dolor, lo es también la desorientación, la confusión; son como grietas que se expanden hasta tragarnos. La muerte es una paradoja punzante, que sirve como el inicio a un redescubrimiento del sentido de la vida.

Largo es aprender a encauzar estos sentimientos y a darles una salida edificante y constructiva. Quiero que sepas que es razonable, es válido sentir ira, rabia, frustración, pesimismo, tristeza y hasta culpa. Es justo no saber qué decidir, ni cómo convivir, ni cómo salir de esto. El dolor, después de todo, es la respuesta natural a la pérdida. Irónicamente, un día todos tenemos que aprender a lidiar con la continua presencia de lo ausente. El duelo no tiene cronograma ni calendario, así que date permiso para sentir lo que quieras, aunque sea enojo o frustración, porque todos tenemos el mismo derecho de sentirnos vulnerables, indefensos y desorientados, pero juntos, como hermanos, podemos ayudarnos a sobrellevar esto.

No sientas que te falta compañía; si algo hiciste bien fue ganarte el derecho a llorar y aquí estoy dispuesto a acompañarte en tu duelo, aunque sea con estas palabras, que es todo lo que tengo. Tu dolor también le pertenece a todos los que nos consideramos inquebrantables, porque para nosotros no es necesaria una amistad larga para que la empatía nos haga familia. Tu vida, aunque pienses que haya perdido parte de su sentido, es un faro en la oscuridad de nuestros días. Sin conocerte, sé que sigues siendo la bujía de incontables horas de alegría para otros. Esta comunidad te celebra, por lo que quiero recordarte que tu tarea aún no termina. Hoy lloramos contigo y honramos tu valentía, a tu alrededor hay mujeres y hombres a los que inspiras.

El premio hoy se lo lleva quien perdiste, ya sea tu hijo, tu madre, tu padre, tu abuelo, tu pareja, tu amigo; hoy ellos están en su nueva casa divina, en donde aguardan pacientemente por ti para volver a decirte «Papá», «Amor», «Hijo», «Hermana». Porque jamás dejarás de ser padre, madre, nieta, esposo o hija; esa es una comisión en la eternidad. Ellos han pasado al verdadero mundo de los vivos; somos nosotros quienes todavía perecemos.

En esta misma hora, en este mismo segundo nos acercamos más a ellos, cada minuto falta menos para verlos.

Hay promesas del cielo para ti. No te dejes vencer, por favor, y haz que tu vida sea el mayor homenaje a esa persona que tanto amas.

Siempre hay un mínimo espacio para reír recordando una anécdota de quienes partieron. También, y por mucho que duela, siempre hay un momento para recuperar la ilusión por vivir junto a los que siguen en esta tierra. No podemos olvidarlos por quienes ya no están aquí, tenemos que encontrar la forma de dejar ir a quienes no volverán, porque somos nosotros, ahora, quienes van a ellos, no al revés.

Cuando sea inevitable enfrentarte al vacío de su presencia y no te sirvan las manos para callar el llanto y te inundes por dentro, busca en el suelo los pedazos que quedan de ti para dárselos a Dios, para que te dé la valentía de pronunciar su nombre, y con el amor que emana de cada letra te levantes a luchar con todas tus fuerzas. Estas tumbas no contienen el alma, son solo el recordatorio de que hay una puerta a la morada final, porque existe el lugar donde todas nuestras lágrimas y sueños reviven, donde adquieren un sentido eterno.

Nos volveremos a ver, y adoraremos, alabaremos, nos gozaremos eternamente. Yo lo creo.

Dios está aquí, y allí mismo. Jamás nos abandona, jamás llega tarde.

Esta prueba habrá valido la pena porque los volveremos a ver.

NO MÁS MIEDO

Quiero cerrar este encuentro de hoy con una pregunta:

¿Qué tan bien y profundo crees que te conoces?

Cierra los ojos, y acompáñame, desde tu casa, a ver más allá de la superficie y así descubrirás un mundo entero, que es mucho más complejo y diverso, pero al mismo tiempo un millar de veces más hermoso de lo que jamás pudiste imaginar.

Respira y tómate un momento para permanecer, para contemplar el poder de lo eterno que mora en ti.

Respira de nuevo, y sintonízate con tu cuerpo, poco a poco toma el ritmo.

Hay un cordón que todo lo une, un puente entre el consciente y tu subconsciente.

Respira de nueva cuenta y provoca la armonía dentro del caos que te rodea.

Respira con gratitud.

Exhala con actitud.

Respira con fe.

Exhala con firmeza.

Respira con amor.

Exhala con energía.

¿Sientes?

Toma conciencia de cómo tu cuerpo se expande con el aire y cómo el oxígeno potencializa tu torrente sanguíneo. Tus pulmones se preparan, tu mente comienza a dominar el desasosiego, hay una tabla y con ella surfeas sobre la ansiedad. Lleva tu mano derecha a tu pecho, nota la belleza del latido de tu corazón. Gózate en cada pulsación, siente la energía de toda tu sangre viajando a un metro por segundo alrededor de todo tu cuerpo.

Inhalo...

Exhalo...

Inhalo...

Exhalo...

Antes de que exhales, tu sangre ya habrá recorrido una vuelta entera por tu cerebro y todos tus músculos. Tu cerebro estalla en fuegos artificiales, hay billones de neuronas que se exaltan, hay tantas de ellas como estrellas en las galaxias. Tu sistema nervioso está activo, dispuesto y tonificado.

Inhalo...

Exhalo...

Inhalo...

Exhalo...

Levanta tus brazos lentamente, mientras inhalas, permite que millones de neuronas se enciendan y energicen a 100 metros por segundo. ¿Te das cuenta? Eres una pieza extraordinaria, inaudita, sorprendente; eres la cúspide de la mente y de la mano del Creador. Eres Su máxima pasión, Su amor y Su espíritu te rodean y levantan. Eres responsable de esa máquina, eres el mayordomo de todas esas virtudes.

Ahora entiendes que desde que naciste, este cuerpo, tu cerebro, tus pulmones, tus manos, tus pies, tu corazón, han hecho un gran trabajo, han hecho más de lo que jamás pudiste imaginar.

Inhalo...

Exhalo...

Inhalo...

Exhalo...

Vístete con la armadura de lo eterno.

Estás listo, para una batalla más de la vida.

Estás lista para resistir el día malo y el día bueno.

Permanecerás firme ante los devenires.

No temerás en tu salida ni en tu regreso.

Recuperarás todo al doble y a su tiempo.

Mantén el orden, la disposición y las ganas.

Inhalo...

Exhalo...

Inhalo...

Exhalo...

Poco a poco, me pongo frente a frente a mis temores, mis enojos y resentimientos. Acepto que se han reído de mí, aunque me haya dolido, pero no me estanco. Dejo la puerta abierta y salgo de la cárcel del resentimiento. Tomo con madurez el futuro y observo la vida.

Obsérvala tú también. Sé que seguirás encontrando bemoles y que perderás en ocasiones, pero decide, desde ya, que con ninguna derrota perderás la pasión, la garra ni la tenacidad.

Hazte responsable de la vida que te dieron, asumes que tu cuerpo es el templo, la atalaya y el arma para ganar. Lo usarás en combinación con tu mente y tu espíritu, no te quedarás con nada ni reservarás nada para la batalla de mañana. Entrégale a Dios un cuerpo que ya nadie podrá usar porque solo encajará en tus heridas y las mordidas que recibiste, porque le hiciste tantos remiendos a tus cicatrices y desgarres, que solo te calza a ti. Le devolverás un traje que parezca que lo han atropellado un centenar de búfalos y lo han masticado un millar de hienas. Retorna un cuerpo al que nunca le podrán borrar la sonrisa de haber vivido una intensa y apasionada entrega a Dios.

Inhalo...

Exhalo...

Inhalo...

Exhalo...

Esta meditación está hecha para conspirar a tu favor. Todo pasa para bien si bien lo tomamos. Tu vida continúa, esto apenas comienza, cruzaste la apertura, vas en el ataque del tablero y pronto le darás el jaque mate a tus miedos.

Es probable que tengas una carrera, un recorrido con sus pequeños y medianos logros, sus grandes fallas y sus desilusiones. A lo mejor, tu andar fue de mucho estudio, trabajo y preparación, a lo mejor tuviste pocas horas de juego y mientras otros pateaban un balón, tú ayudabas a llevar alimento en casa.

Hayan ido a la universidad o no, hay personas a las que las certifican los diplomas y otras que se gradúan cada día en las batallas de la vida. Los que, para conseguir una victoria, se echaron al combate.

Para estas graduaciones hay que estudiar sin descanso, esforzarse el doble, pero, por favor, jamás dejes de aprender ni de tener hambre; aunque te dijeron que no llegarías, que no lo lograrías, que no eras suficientemente inteligente.

No necesitas sentir urgencia si a los 25 no has encontrado la pareja de tus sueños. Quiero que sepas que sí te puedes graduar a los 50, que no tienes motivos para sentirte decepcionada si aún no tienes hijos y tus amigas sí. No cargues como una derrota no haber alcanzado la independencia económica, el no haber ido a París o porque no luces un reloj de lujo. No te desesperes porque vas a luchar para lograr eso y más.

Inhalo...

Exhalo...

Inhalo...

Exhalo...

Eres valiente y solo valientes como tú tienen la capacidad de convertirse en un ejército. Aquel que hace las cosas correctas y no claudica ante el temor se condena al triunfo de sus pasiones. Al valiente le importan los principios, no la percepción del mundo. Tiene la habilidad y la convicción de hacerle frente a algo en el momento justo.

¡Este es el momento!

Inhalo...

Exhalo...

Inhalo...

Exhalo...

Júrate esto:

No me permitiré dar menos de lo que puedo dar de mí. No sacrificaré ninguno de mis dones, no dejaré que la pereza ni la desidia acaben con mis bendiciones. Me elevaré al lugar de lo extraordinario y llevaré a mi familia y equipo a lugares antes jamás vistos.

Respira con gratitud y recibe la gracia de lo eterno.

Abre tus ojos lentamente y a tu tiempo. Sonríe querida mía, querido mío. Tendrás un excelente futuro, lleno de citas divinas y que Dios cubra tu andar, tu pensar y tus sueños; que rectifique tus pasos e inicie tus días con alegría, sabiendo que todo lo que necesitas lo llevas por dentro.

MEDITACIÓN DE CONFRONTACIÓN

Inhalo...

Exhalo...

Inhalo...

Exhalo...

El primer pensamiento que decido tener es canalizar el presente y aceptar que todo está bien, y estará mejor.

Para asumir un combate se necesita paz, serenidad y visión. No niegas la realidad, la transformas con actitud y fe; de esa forma mejorará constantemente, más de lo que imaginas. Tu dolor ya no sería una herramienta de destrucción, sino de construcción, una herramienta de fusión energética; lo habrás convertido en gozo, y a tu sufrimiento en una sonrisa que se posa en tu rostro. Habrá aprendido a sanar.

Inhalo...

Exhalo...

Inhalo...

Exhalo...

Poco a poco, me pongo frente a mis temores, mis enojos y resentimientos, acepto que se han reído de mí y que eso me ha dolido, pero no me estanco ahí, dejo la puerta abierta y salgo de la cárcel del resentimiento. Tomo con madurez el futuro, y observo la vida; sé que seguirá teniendo sus bemoles y que habrá nuevas pérdidas en ocasiones, pero decide que nada de lo que perdiste o perderás podrá arrebatarte la pasión ni la garra.

Hoy te haces responsable de la vida que te dieron, asumes que tu cuerpo es el templo, la atalaya y el arma para ganar; lo usarás todo, con la misma plenitud que lo harás con tu mente y con tu espíritu, no te quedarás con nada ni reservarás nada para la batalla de mañana.

Esta meditación está hecha para conspirar a tu favor. Todo pasa para bien si bien lo tomamos. Tu vida aún no termina, esto apenas comienza; iniciaste a la ofensiva y te has desplegado sobre el tablero. En un par de movimientos le darás jaque mate a todos tus miedos.

Hoy te comprometes a sudar más, a esforzarte el doble, pero por favor jamás dejes de tener hambre. No tienes que sentir urgencia por lo que otros han logrado y tú desearías tener.

Inhalo...

Exhalo...

Inhalo...

Exhalo...

Eres valiente y solo los valientes tienen la capacidad de convertir su pensamiento en un arsenal. Aquel que hace las cosas correctas y no claudica ante el temor se condena al triunfo de sus pasiones. Al valiente le importan los principios, no la percepción del mundo. Tiene la habilidad y la convicción de embestir en el momento justo, y momento justo es ahora.

Ten una excelente jornada, llena de citas divinas y que Dios cubra todo tu andar, pensar y soñar; que rectifique sus pasos e inicies tu día con alegría, sabiendo que todo lo que necesitas lo llevas por dentro.

MEDITACIÓN DE LA TRISTEZA A LA ALEGRÍA

Aprovechemos que hablamos de las emociones para hacer una breve meditación que va justo con ellas.

La idea es iniciar respirando por la nariz de forma tranquila, sin forzar ni apresurarse. No hay nada pendiente allá afuera; nadie te está esperando, así que suelta la tensión, relaja los hombros, equilíbrate y sintonízate con el canal de la alegría.

Inicia esta meditación sin temores ni rencores. Deseo que hoy descanses de tus pesares, de tus miedos, de tus secretos. Busca un espacio donde puedas tener una posición estable, cómoda y armoniosa, sin que llegues a cruzar las manos ni las piernas.

Inhala...

Exhala...

Inhala...

Exhala...

Vamos a hablar con nuestro niño, con nuestra niña interior. Usaremos lentes de la bondad y ternura. Nos hablaremos de forma armónica y saludable. Todo este diálogo es tuyo, te corresponde hablar y escuchar. Esto es fundamental para zurcir y cerrar rendijas internas.

No llegarás a este encuentro para echar culpas. Preséntate con los brazos llenos de regalos, no de cargas, porque no llegas para desordenarlo todo, sino para retomar pláticas que quedaron inconclusas.

Entra con cuidado y a paso lento. Inicia un recorrido por tu infancia y pubertad; toma la puerta y ábrela para entrar conscientemente a esos tiempos. Viaja a ese pasado hasta que te encuentres a ese pequeñito o pequeñita que fuiste. Está frente a ti. Continúa inhalando y exhalando, recordando cómo era calzar sus zapatos. Inhala y exhala viendo a esa personita con agrado.

Entrégate a esa cita, aunque no lo sepas, largamente esperada. Deja que emanen y florezcan las emociones. Tu alma sabrá cuáles son las correctas, pero no te avergüences de ellas; sean las que sean, no te sientas frágil ni débil por mirarte como cuando eras un ser indefenso, y si te inundas por dentro, dale: fluye... fluye... descansa de tus angustias.

Pesa más sostener que dejar ir. Suelta antes de comenzar a hablar.

Sonríe, sonríele a ese niño o esa niña que está por reunirse contigo.

Inhala...

Exhala...

Inhala...

Exhala...

Iniciamos nuestro diálogo... y escucha con detenimiento y misericordia lo que hoy tienes que decirle:

«Amado niño interior, sé que te parece raro este encuentro, pero nos era necesario juntarnos, hace tiempo que permaneces en silencio en este cuarto, pero ya no más. Hoy le quitamos el seguro a la puerta.

»Sé que cruzaste desiertos, y te entiendo a la perfección, porque yo fui tú; te conozco bien, pero necesito conocerte mejor. Ahora me toca ser adulto, y tengo tantas cosas que contarte. Todo lo que viviste ya fue, ya pasó. Lo que se fue ya no hace falta y te agradezco porque tú nos trajiste hasta acá.

»Te cuento que la vida, a pesar de no haber sido fácil, nos ha sonreído, y aún hay mucho camino por recorrer. Ahora contamos con mejores herramientas que las que teníamos antes, unas que tú no tuviste, lo que demuestra que eres aún más valiente de lo que te recuerdo; a pesar de tus carencias nos sacaste adelante.

¡Gracias! ¡Gracias! ¡Gracias!

Dile:

»Hoy, hemos resuelto algunos traumas y vacíos que en la juventud no pudimos. Yo soy adulto, y tú lo eres en mí; por fin aprendimos a poner límites, ya no somos tan ingenuos y sabemos elegir lo que antes no podíamos. Hoy desechamos las culpas, dejamos ir a los que ya no están. Ya no es tiempo de atormentarse. Curaremos heridas y borraremos cicatrices, ya no reaccionaremos con ira ni con dolor.

»Hoy nos quitaremos de encima el peso de las expectativas, borraremos las palabras que nos condenaron al infortunio o a la miseria. Estamos hechos para irradiar y reflejar, no para estar heridos en la soledad. Nadie nos está mirando ni juzgando. Hoy estoy frente a ti para que me digas todo lo que no pudiste decir, puedes quejarte, llorar, reclamar, enojarte y gritar. Estoy aquí para escuchar todo lo que callaste, así que adelante. Dime todo lo que quieras.

Deja que hable...

Dile que lo entiendes...

Dile que la comprendes...

Dile que lo amas...

Toma las palabras que te diga; las escucharás como si surgieran de ti, íntimas y profundas. Solo a ti te pertenecen.

Dile:

»Te he escuchado con detenimiento. Sé que no pudiste defenderte y te has sentido impotente, pero llegó el momento de sanarlo. Te doy crédito por ello, y ahora tú y yo vamos a disfrutar la vida. Ya no tendremos más vergüenza: colocaremos límites, cuidaremos nuestro corazón, que es el mismo, y nadie podrá arrojar basura en él. Recuperaremos nuestros sueños y las fuerzas para estar alegres.

»Oye, tengo algo que contarte: conocí a Dios, y ya no somos huérfanos. Él llenó cualquier vacío que hubiese dentro de nosotros. De su mano he aprendido cómo defendernos y hasta cómo ganar guerras. Sí, claro que hemos perdido algunas batallas, pero, a su lado, la victoria está asegurada; hemos vencido a los monstruos que vivían en el armario».

«Déjame abrazarte», dile esto último y abraza a ese ser que fuiste. Repáralo con tu amor, cárgalo y dile todo lo que quieras, tómate el tiempo que necesites y, cuando sea el momento, dile, amorosamente: «Hasta pronto».

Inhala...

Exhala...

Inhala...

Exhala...

Tómate tu tiempo, y ve integrándote en el adulto que eres hoy.

Lentamente regresas en armonía a tu respiración. Sin apuro.

Abre los ojos y continúa en sintonía. Observa a tu alrededor y acepta que ves las cosas con un tono mejor, con la decisión de ver desde la perspectiva del amor.

Ese niño te acompaña. Siente la presencia de lo eterno y su favor en tu pecho.

Desde este momento, protagonizarás tu historia, no la copia al carbón de la de otros. En la vida que construirás, dejarás de estar triste, habrás despedido a la víctima que se había hospedado en ti, para ser el o la gigante espiritual que siempre fuiste. Ya no hay enano emocional que te controle ni rencor que te persiga ni te detenga porque has abrazado a ese niño o esa niña que solía tener carencias. Ahora su actitud es de llenura en vez de vacío. No le importa el qué dirán, sino qué dirá.

Comienza a escribir un nuevo ser que ignora a quienes le hicieron creer que debía vivir bajo el yugo de las expectativas. En esta nueva historia dejarás de vivir a las sombras de los demás porque sabes que lo que quieres, tiene un precio, y tienes disposición a pagarlo con la dicha de hacer lo que te revienta de pasión el alma.

Prepárate, porque Dios te concederá los deseos por los que tu corazón late; espéralos y lucha por ellos. Tu firmeza será tan clara que nadie podrá detenerte, porque le creerás todo a Dios como a un niño, y eso te hará arder.

Y arderás tanto que serás una persona de contracorriente, pero ni la lluvia, ni la tormenta, ni los desiertos harán temblar tu voluntad. Tu vida será un poema.

¡Vive y sueña junto a tu niño interior! Conquista todas sus aventuras y un poco más porque Dios te ama.

NOTAS

Las trampas de la soledad

1. Koto, A., Mersch, D., Hollis, B., & Keller, L. (2015). Social isolation causes mortality by disrupting energy homeostasis in ants. Behavioral Ecology and Sociobiology, 69(4), 583-591.

Las trampas del dolor

1. Seligman, M. E. (1972). Learned helplessness. Annual review of medicine, 23(1), pp. 407-412.
   Existen otros valiosos, Hiroto, D. S. y Seligman, M. E. (1975). «Generality of learned helplessness in man». *Journal of personality and social psychology*, 31(2), p. 311; Abramson, L. Y., Seligman, M. E. y Teasdale, J. D. (1978). «Learned helplessness in humans: critique and reformulation». *Journal of abnormal psychology*, 87(1), p. 49.

Las trampas de la infidelidad

1. Cita bíblica de Proverbios 6:32-33.

Las trampas de la rigidez

1. Peterson, C. y Seligman, M. E. P. «The values in action (VIA) classification of strengths». *A life worth living: Contributions to positive psychology* (Nueva York: Oskfort University Press, 2006), pp. 29-48.
2. https://www.authentichappiness.sas.upenn.edu/es/testcenter.
3. Córdoba Camelo, S. L. y Morales Salcedo, A. C. (2020). *Diseño y validación de un Protocolo de Reintegro Laboral a través de técnicas desde la Psicología Positiva.* Universidad El Bosque, Colombia. Consultado el 2 de julio del 2021: https://repositorio.unbosque.edu.co/bitstream/handle/20.500.12495/4470/Cordoba_Camelo_Sandra_Liliana_2020.pdf?sequence=1&isAllowed=y.

El laberinto del miedo

1. Hinton, D., Pich, V., Chhean, D. y Pollack, M. (2004). «Olfactory-triggered panic attacks among Khmer refugees: a contextual approach». *Transcultural psychiatry*, v41(n2), pp. 155-199.

Las trampas del porno

1. Berridge, K. C., & Robinson, T. E. (1998). «What is the role of dopamine in reward: hedonic impact, reward learning, or incentive salience?». *Brain research reviews,* 28(3), pp. 309-369.
2. Fernández Riquelme, S. (2020). «Repercusiones sociales de la pornografía». Consultado el 2 de julio del 2021: https://www.alustforlife.com/the-bigger-picture/pornography-may-affect-your-life-more-than-you-think. Feregrino, D. L. (2017). «Así en el porno como en las drogas Sobre la neurobiología de la adicción al porno». *DL Feregrino-2017-cienciorama. unam. mx*, 9. Consultado el 2 de julio del 2021: https://www.yourbrainonporn.com/es/relevant-research-and-ar-

ticles-about-the-studies/porn-use-sex-addiction-studies/cambridge-universi-ty-study-internet-porn-addiction-mirrors-drug-addiction-voon-et-al-2014/.

3. Lord, Phil, Pornhub: Opening the Floodgates? (18 de diciembre del 2020). 11 Hous. L. Rev. Off Rec. 54 (2021), disponible en SSRN: https://ssrn.com/abs-tract=3751640 o: http://dx.doi.org/10.2139/ssrn.3751640. https://www.pornhub.com/insights/2019-year-in-review#2019. https://www.forbes.com/sites/julieruvolo/2011/09/07/how-much-of-the-internet-is-actually-for-porn/?sh=-15f184b95d16. https://www.techradar.com/news/porn-sites-attract-more-visi-tors-than-netflix-and-amazon-youll-never-guess-how-many.

4. Cita bíblica de 2 Pedro 1:5.

Las trampas de los *haters*

1. Lord, C. G., Ross, L. y Lepper, M. R. (1979). «Biased assimilation and attitude po-larization: The effects of prior theories on subsequently considered evidence». *Journal of personality and social psychology*, 37(11), p. 2098.

Las trampas del narcisismo

1. Mecca, A., Smelser, N. J., & Vasconcellos, J. (Eds.). (1989). «The social importance of self-esteem». *University of California Press*. Consultado el 2 de julio del 2021: https://www.theguardian.com/lifeandstyle/2017/jun/03/quasi-religious-great-self-esteem-con.

2. Brummelman, E., Nelemans, S. A., Thomaes, S., & Orobio de Castro, B. (2017). «When parents' praise inflates, children's selfesteem deflates». *Child develop-ment*, 88(6), pp. 1799-1809.

3. Esta referencia sobre Solomon se obtiene de lecturas de los textos de Leary. No obstante, el texto original es el siguiente: Solomon, S., Greenberg, J. y Pyszczynski, T. «A terror management theory of socialbehaviour: The psychological functions of self-esteem and cultural worldviews». En M. Zanna (ed.), *Advances in experi-mental social psychology*, vol. 24 (Orlando, FL: Academic Press, 1991), pp. 91-159.

4. Leary, M. R., Tambor, E. S., Terdal, S. K., & Downs, D. L. (1995). «Self-esteem as an interpersonal monitor: The sociometer hypothesis». *Journal of Personality and Social Psychology*, 68(3), pp. 518-530.

5. Leary, M. R., & Baumeister, R. F. (2000). The nature and function of self-esteem: Sociometer theory. In Advances in experimental social psychology (Vol. 32, pp. 1-62). *Academic Press*.

6. Rosenberg, M. (1965). «Rosenberg self-esteem scale (RSE)». Acceptance and commitment therapy. *Measures package*, 61(52), p. 18.

Ejercicio: Reprocesamiento por movimientos oculares

1. Shapiro, F. (2017). «Eye movement desensitization and reprocessing (EMDR) the-rapy: Basic principles, protocols, and procedures». Guilford Publications.

2. Shapiro, F. (2014). «The role of eye movement desensitization and reprocessing (EMDR) therapy in medicine: addressing the psychological and physical symp-toms stemming from adverse life experiences». *The Permanente Journal*, 18(1), p. 71.

Navegar en el miedo

1. Frankl, V. (2004). «El hombre en busca de sentido», pp. 9-157.

2. J. K. Rowling, *Harry Potter y el prisionero de Azkaban* (Barcelona: Salamandra, Penguin Random House Grupo Editorial, 2020. ©1999).

Las trampas de lo inútil

3.   Carmine Gallo, «Steve Jobs: Get Rid Of The Crappy Stuff», *Forbes,* consultado el 2 de julio del 2021: https://www.forbes.com/sites/carminegallo/2011/05/16/steve-jobs-get-rid-of-the-crappy-stuff/?sh=7e33b4277145. «Steve Jobs' Advice to Nike: Get Rid of the Crappy Stuff» (video) https://www.youtube.com/watch?-v=SOCKp9eij3A.

Las trampas del malhumor

1.   Aquí se hace la salvedad de que Stibich es un «experto en temas de bienestar personal». Esto se hace para dejar claro al lector que no se trata de una posición académica. Fuente consultada el 2 de julio del 2021: https://www.verywellmind.com/top-reasons-to-smile-every-day-2223755.

2.   Laird, J. D. (1974). «Self-attribution of emotion: the effects of expressive behavior on the quality of emotional experience». *Journal of personality and social psychology*, 29(4), p. 475.

3.   Ekman, P., Davidson, R. J., & Friesen, W. V. (1990). «The Duchenne smile: emotional expression and brain physiology: II». *Journal of personality and social psychology*, 58(2), p. 342.

4.   Soussignan, R. (2002). «Duchenne smile, emotional experience, and autonomic reactivity: a test of the facial feedback hypothesis». *Emotion*, 2(1), p. 52.

5.   Strack, F., Martin, L. L., & Stepper, S. (1988). «Inhibiting and facilitating conditions of the human smile: a nonobtrusive test of the facial feedback hypothesis». *Journal of personality and social psychology*, 54(5), p. 768.

Las trampas de la ingratitud

1.   Jeremy Adam Smith, Kira M. Newman, Jason Marsh y Dacher Keltner, *The Gratitude Project* (Oakland, CA: New Harbinger Publications, 2020).

2.   Robert A. Emmons, *¡Gracias!: De cómo la gratitud puede hacerte feliz* (Barcelona: Ediciones B, 2008).

3.   *Ibid.*

Ejercicio: Técnica de liberación emocional

1.   Bach, D., Groesbeck, G., Stapleton, P., Sims, R., Blickheuser, K., & Church, D. (2019). «Clinical EFT (Emotional Freedom Techniques) improves multiple physiological markers of health». *Journal of evidence-based integrative medicine*, 24, 2515690X18823691.

2.   *Ibid.*

3.   Callahan, R. J. (1995). «A Thought Field Therapy (TFT) algorithm for trauma». *Traumatology*, 1(1), pp. 7-13.

4.   Callahan, R. J. (2001). «The impact of thought field therapy on heart rate variability». *Journal of Clinical Psychology*, 57(10), pp. 1153-1170.

A Dios el miedo

1.   Khalsa, D. S., & Newberg, A. (2011). «Kirtan Kriya meditation: A promising technique for enhancing cognition in memory-impaired older adults». *Enhancing Cognitive Fitness in Adults*, pp. 419-431.

2.   Andrew Newberg, *How God Changes Your Brain* (Nueva York: Ballantine Books Trade Paperbacks, 2010, ©2009).